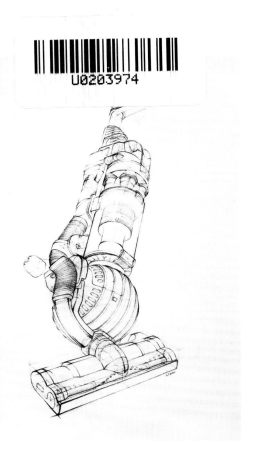

图 1

图 2

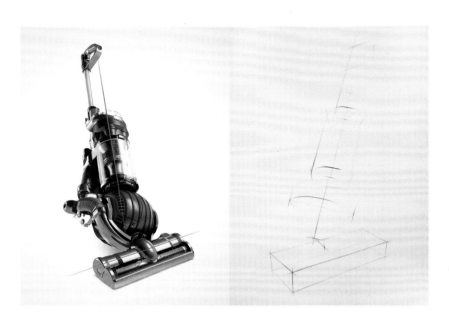

图 3

图 4

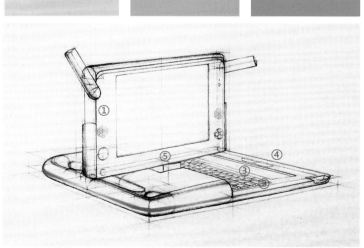

图 5

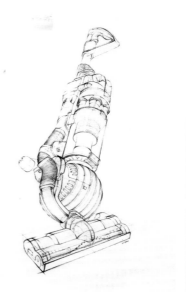

图 6

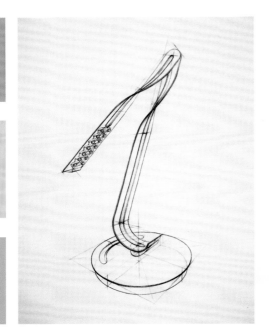

◀ 图 7

图 8 ▶

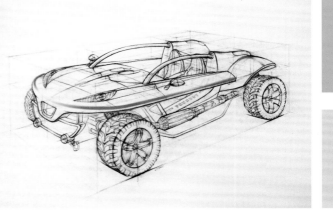

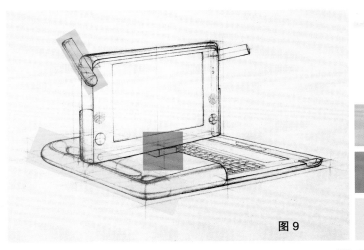

图 9

XO 笔记本屏幕转角及耳板的结构画法

XO 笔记本转轴的结构画法

XO 笔记本把手的结构画法

图 10 ▶

图 11 ▶

图 12 ▶

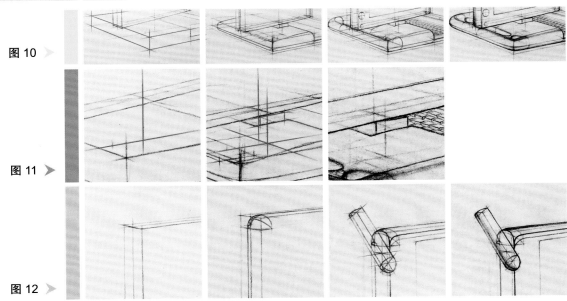

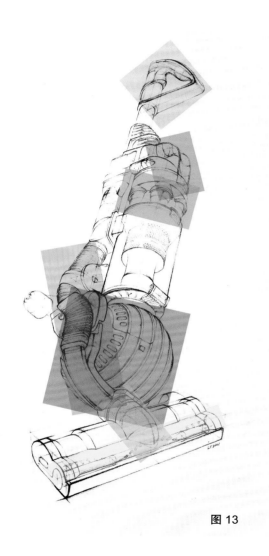

图 13

吸尘器毛刷辊的结构画法

吸尘管的结构画法

球轮的结构画法

吸尘器旋转结构的画法

圆锥气旋集尘器的结构画法

吸尘器把手的结构画法

吸尘器主体把手的结构画法

图 14 ➤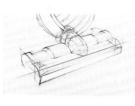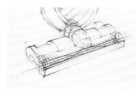

图 15 ➤

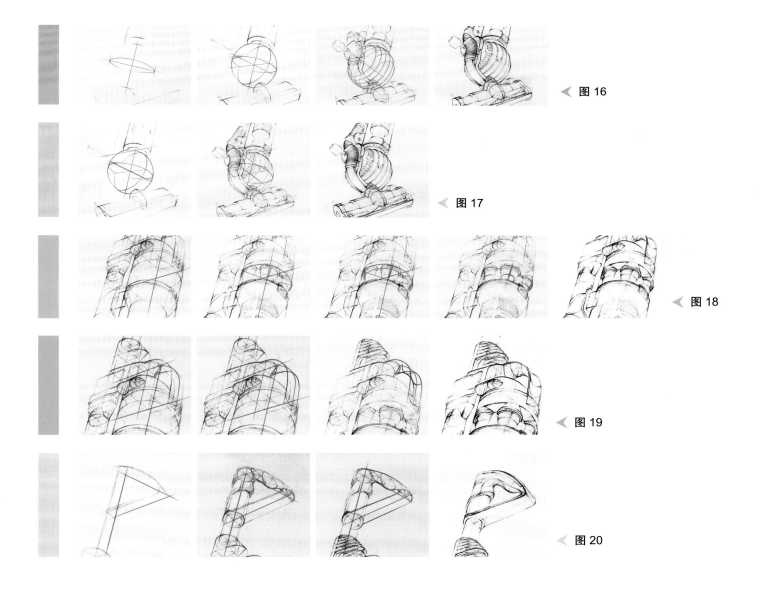

图 16

图 17

图 18

图 19

图 20

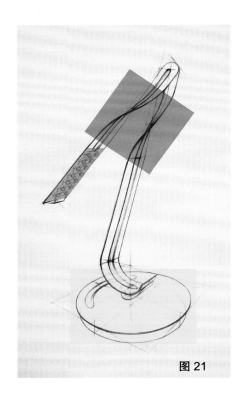

图 21

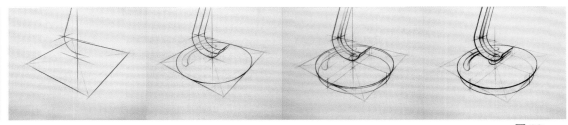

图 22

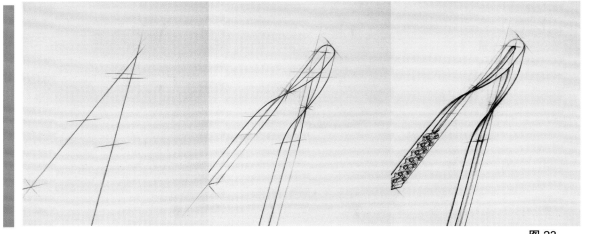

图 23

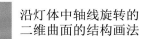

沿灯体中轴线旋转的
二维曲面的结构画法

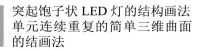

突起饱子状 LED 灯的结构画法
单元连续重复的简单三维曲面
的结画法

台灯底座及与灯体连接的
结构画法

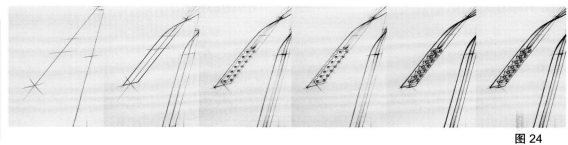

图 24

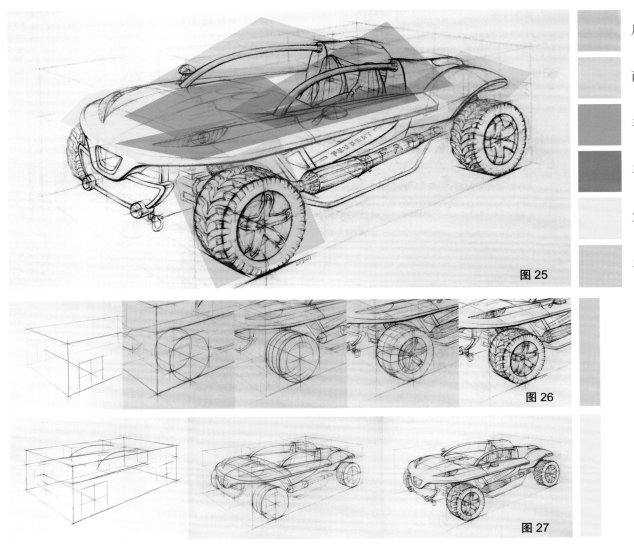

后轮眉的结构画法

两个上部纵向不锈钢防滚杆的结构画法

车仪表板的结构画法

车前大灯及车门延长结构的画法

发动机盖及横向翅膀式车门的机构画法

车轮的机构画法

图 25

图 26

图 27

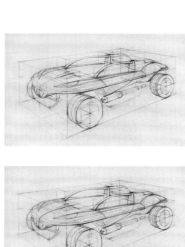
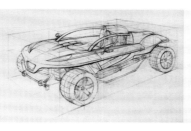

◀ 图 28

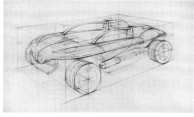

◀ 图 29

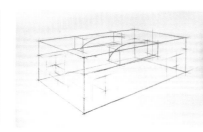
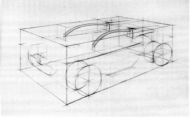

◀ 图 30

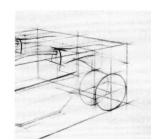
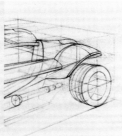
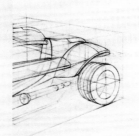

◀ 图 31

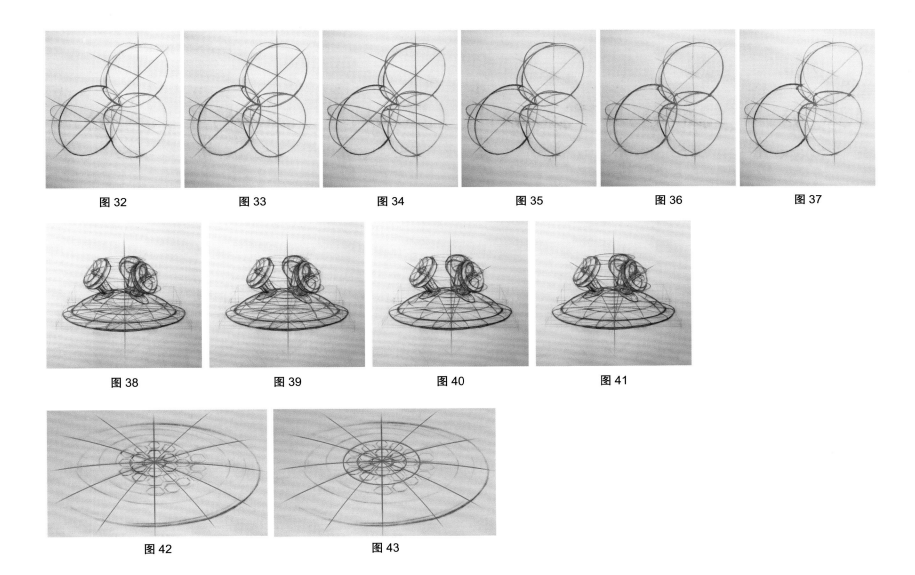

图 32　　　　　图 33　　　　　图 34　　　　　图 35　　　　　图 36　　　　　图 37

图 38　　　　　图 39　　　　　图 40　　　　　图 41

图 42　　　　　图 43

图 44

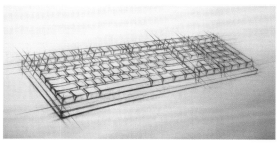

图 45

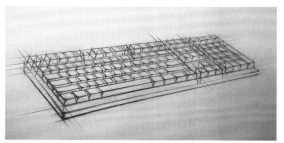

图 46

图 47

图 48

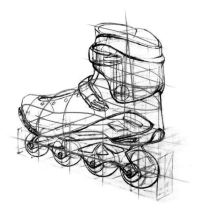

图 49

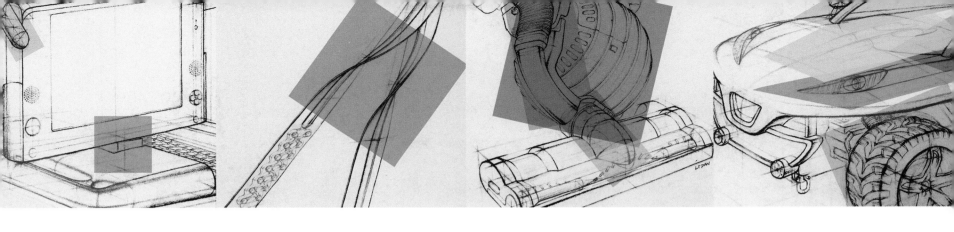

工业设计素描教程

第2版

李丹 蒲大圣 宋杨 马兰◎编著

INDUSTRIAL DESIGN

SKETCH

清华大学出版社

北 京

内 容 简 介

本书主要内容包括工业设计素描基础知识、设计素描绘画技巧和方法、典型产品形态结构的绘画步骤解析、结构画法作业绘画思路解析、优秀课堂作业范例及向设计表达过渡的练习,重点是使读者系统地了解和掌握工业设计素描的理论知识、训练方法和绘画方法,通过详细讲解具有典型形体特征的产品绘画步骤,使读者缩短绘画进阶过程。

本书适合高等院校工业设计、产品设计专业的学生使用,也适合其他相关设计专业的人员参考

图书在版编目(CIP)数据

工业设计素描教程 / 李丹等编著. —2 版. —北京:清华大学出版社,2021.6(2023.2 重印)
ISBN 978-7-302-58371-4

Ⅰ. ①工… Ⅱ. ①李… Ⅲ. ①工业设计—素描技法—高等学校—教材 Ⅳ. ①TB47

中国版本图书馆 CIP 数据核字(2021)第 116619 号

责任编辑:邓　艳
封面设计:刘　超
版式设计:文森时代
责任校对:马军令
责任印制:沈　露

出版发行:清华大学出版社
　　　　网　　址:http://www.tup.com.cn,http://www.wqbook.com
　　　　地　　址:北京清华大学学研大厦 A 座　　　　　　　　　邮　　编:100084
　　　　社 总 机:010-83470000　　　　　　　　　　　　　　　邮　　购:010-62786544
　　　　投稿与读者服务:010-62776969,c-service@tup.tsinghua.edu.cn
　　　　质量反馈:010-62772015,zhiliang@tup.tsinghua.edu.cn
印 装 者:小森印刷霸州有限公司
经　　销:全国新华书店
开　　本:260mm×185mm　　　　印　　张:8.25　　　　插　　页:6　　　　字　　数:182 千字
版　　次:2016 年 2 月第 1 版　　　2021 年 6 月第 2 版　　　　　　　印　　次:2023 年 2 月第 2 次印刷
定　　价:56.00 元

产品编号:089045-01

前　　言

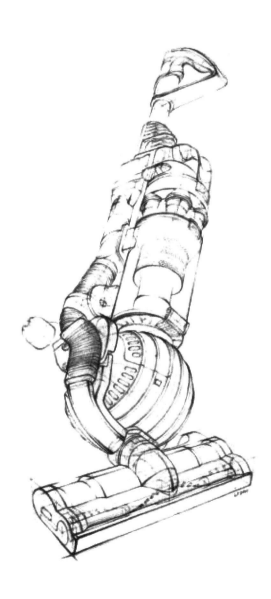

　　产品设计过程中，工业设计师需要用图示辅助设计思考，并将设计意图转化为具体的视觉信息，这要求工业设计师具有运用形态思考设计、表达设计的能力。工业设计素描教学通过研究形态与人的视觉关系，培养学生的形态分析和判断能力，掌握基础视觉表现规律和法则，为探索视觉形态的创造打下坚实基础。

　　工业设计素描教学由于受传统绘画教学课时量少、课程设置年级低、学生基础知识少的限制，学生在课程训练中缺少对素描内涵、形态概念、形态分类及观点、形象思维、观察方法和画法表达的系统了解，对课程的理解缺乏深度和广度。因此，本书对设计与素描基础知识、形态研究内容和基本观点做了系统论述，增加了工业设计专业今后学习知识和能力培养的连贯性和系统性。

　　工业设计素描教学与传统素描教学的区别在于对学生的培养目的不同，从教学方式和方法上来看，工业设计素描更强调教学方法的逻辑性和理性思考。依据这样的特点，作者将教学实践经验以容易被学生理解和掌握的方法介绍给读者，并选取具有产品设计典型形态特征的四个产品进行绘画步骤及细部结构详解，结合结构画法作业绘画思路解析，使读者更好地理解和掌握基本方法和技巧，缩短绘画进阶过程。优秀课堂作业及向设计表达过渡的练习为读者提供绘画内容和画法参考，并为设计实践做准备。

　　本书中使用的透视及其他部分说明性图例，由大连理工大学的张程和李帅同学通过计算机绘制，真诚感谢大连理工大学工业设计系同学们的支持！由于作者水平有限和时间仓促，书中难免存在不足之处，敬请读者指正！

编　者

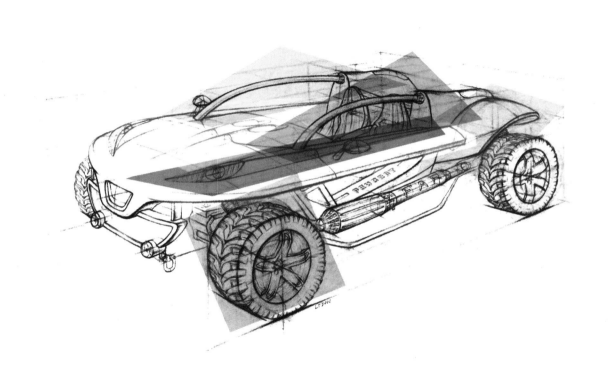

目　　录

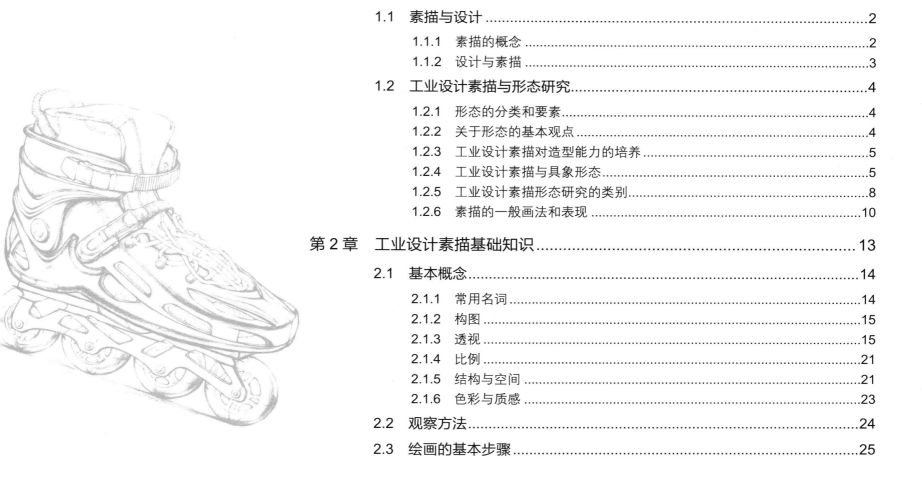

第 1 章
工业设计与素描

CHAPTER 1
INDUSTRIAL DESIGN AND SKETCH

工业设计素描作为一个完整的系统教学内容，应从工业设计学科自身的特点和专业需求来把握素描对形态的研究，进而拟定课程的训练内容，以达到训练目的。本章主要介绍素描的概念、素描与设计的关系及工业设计素描对形态研究的基本观点，这是研习工业设计素描的理论基础。

本章重点

- 了解素描的概念。
- 了解设计与素描的关系。
- 了解工业设计素描对形态研究的基本观点。

1.1　素描与设计

1.1.1　素描的概念

素描多指一种用单色或少量色彩和绘画材料，描绘生活所见所感的真实事物或内心感受的绘画形式。广义上讲，从原始时期的洞穴壁画到中国画的线描（见图 1-1 和图 1-2），从画家的手稿到设计师用于表达设计的草图（见图 1-3 和图 1-4），从在沙滩上画线到在玻璃上随意描画（见图 1-5 和图 1-6），这些表现形式都是广义概念上的素描。

图 1-5　艺术家创作的沙滩画　　　　　图 1-6　在玻璃上随意描画

按上述定义和实例大致可说明素描具有的一般特性。第一，素描是人们在需要表达感受或思考结果时，在任何地点、场合进行的视觉形象表达方式。第二，素描运用的工具随意，是快速、方便、自由的表现方式，不追求画面最终的完整性。第三，素描更注重观察角度、内心感受和思考内涵的表现（见图 1-7）。

图 1-1　阿尔塔米拉洞穴壁画　　　　图 1-2　战国时期帛画

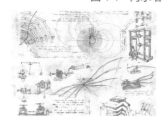
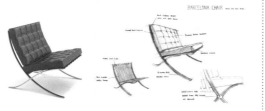

图 1-3　列奥纳多·达·芬奇　　　　图 1-4　巴塞罗那椅设计草图
　　　　　的设计手稿

图 1-7　北欧儿童插画家依据儿童心理、审美所创作的插画作品

1.1.2　设计与素描

素描一直被公认为是一切造型艺术的基础，也是用来训练设计者表达设计构思的基本方法。设计素描的一般概念被认为是为了设计而初步表达构思所进行的描画。因设计受自身使用性和功能的限制，使设计素描与传统素描之间有很大区别，设计素描并非对物象的真实再现，而是更注重意象的发现及与功能匹配的造型行为；不注重装饰和加工，而更注重揭示物象的内涵及构造规律。例如，文艺复兴时期的艺术家列奥纳多·达·芬奇的解剖和机械设计手稿是素描在设计应用中的早期经典范例（见图 1-8 和图 1-9）。

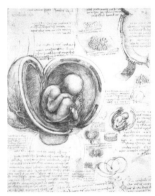

图 1-8　列奥纳多·达·芬奇的
人体解剖手稿

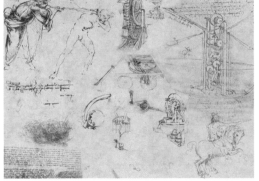

图 1-9　列奥纳多·达·芬奇的机械设计手稿

在能力培养方面，设计素描更注重观察力、思维方法和表现手段的训练。

现代不同门类的设计学科在设计实践中都借助素描草图的方式探讨设计概念、功能结构及形态的视觉化，设计草图的基本功能及其表现形式一直是以素描作为主要基础和原型。

不同设计门类的设计草图如下。

（1）**工业设计**。用草图表达设计概念、推敲机能结构、设计细节及展示场景等（见图 1-10）。

（2）**建筑设计**。用草图表达设计概念、推敲功能空间（见图 1-11）。

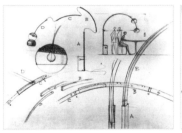

图 1-10　钓鱼灯设计草图　　　图 1-11　朗香教堂的概念草图

（3）**交互设计**。草图是将设计快速原型化的有效工具（见图 1-12）。

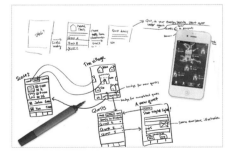

图 1-12　苹果界面交互设计草图

（4）环境艺术。用草图表达设计概念及空间效果（见图1-13）。

（5）平面设计。用草图表达设计的各种概念创意（见图1-14）。

图1-13 巴塞罗那展馆设计草图　　　　图1-14 星巴克标识设计草图

1.2 工业设计素描与形态研究

1.2.1 形态的分类和要素

对各种形态的构成要素及其形式的深入研究，并根据形态的构成原则来探讨形态的创造，是科学地认识和掌握造型的方法。

1. 形态的分类

形态是指事物的形状和表现，是造型艺术领域研究的核心内容。形态一般分为实体形态和空间形态：实体形态指占有三维空间并可以直接看到或触摸到的形态；空间形态指包围三维空间，需靠潜在的运动感去感知的形态。形态按现实是否存在，分为现实形态和非现实形态：现实形态分为自然形态和人工形态；非现实形态包括概念形态和抽象形态。对自然对象的形态研究重点是形态的构造或构成规律、动态生长和生存规律、抽象的视觉美感。对人造物的形态研究一般从其形态构造或构成规律、形态的机能结构或原理、美的形态视觉构成法则三方面入手。设计中的形态一般以自然形态成型规律为形态的评价标准，以人工形态语言和成型规律提供参考和借鉴，通过设计思考转化为具有实际功能的三维实体、三维空间的抽象形态。

2. 形态的要素

形态的结构、材料、工艺、色彩、视觉和触觉机理是构成形态的主体要素。对于一个产品形态而言，其结构是造型的重要保证；材料是造型的关键要素；工艺是造型的手段；色彩是造型的补充；视觉和触觉肌理是由形体表面的组织构造所形成的视觉和触觉质感效果。

1.2.2 关于形态的基本观点

不同造型艺术领域研究的主体对象都是形态，但由于各种造型艺术领域的学科特性、思维方式、研究对象不同，对待形态的观点、形态的理解和再创造时采取的造型态度各有侧重。对纯艺术而言，形态是人类交流思想、沟通信息的表达方式，对形态的创造主要是为了满足人们心理、情感和精神的需求。在形态观和造型态度方面强调创作者个人感受，思维方式以形象思维为主。设计则大多以创造美好的形态为原则，以满足人类使用需求为基本目的，设计领域内更尊重普遍的视觉经验、审美趣味，符合审美心理且具有大众审美的共同价值标准。工业设计是在各种限制中进行综合衡量的一种创造性活动，在创造形态的方法和语言上要从设计的系统性和实际功能出发，理性地思考和整合各种设计因素和感性地创造形态，综合产生一个从感官、机能和思维层面都能被受众接受和好评的设计。因此，工业设计对美的形态的观点是：最有效的形态一定是美的形态，因最有效的形态一定包含合理的结构、科学的用材、精巧的工艺和恰当的语义等因素，而这些因素正是产品致美的先决条件。

1.2.3 工业设计素描对造型能力的培养

产品设计过程中需要运用形态语言进行设计思考，这是使设计顺利进行的有效方式。因此，培养运用形态语言进行设计思考的能力是贯穿工业设计基础教学的主要内容。

运用形态语言进行设计思考，需培养以下几种能力。

1. 基本造型能力

（1）熟练、准确地表达设计。

（2）将设计意图迅速、概括、准确、生动地表示出来。

（3）对视觉因素进行提取、归纳、综合、组织及形式构成。

2. 探索新造型语言形式的能力

（1）向自然学习。发现自然界中形态的成型规律，为造型提供可评价的依据。例如，设计师通过对生物形态的分析，提取功能形态的特性用于改善产品的性能（见图 1-15 和图 1-16）。

（2）向前人学习。积累丰富的素材和经验，为造型语言提供好的借鉴。

（3）创造性地构建造型。依据具体设计，整合设计概念、机能

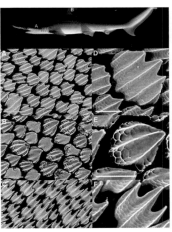

图 1-15 鲨鱼皮肤表面 V 形皱褶 　　图 1-16 模仿鲨鱼皮的泳衣
可减少水流摩擦力

关系和造型因素等，运用形态语言表达设计意图。

在造型基础教学课程中，对形态语言的表达训练一般通过素描和设计表达课程来完成。设计表达是运用形态语言探讨设计思考过程与功能结构的有效手段。对形态的认识能力、观察能力、分析能力、概括能力和基本绘画能力的培养一般通过素描课程来训练，这些能力是设计表达的根基。

1.2.4 工业设计素描与具象形态

1. 具象形态和抽象形态

（1）具象形态。在现实生活中能够找到原型，并较为真实地再现事物原来的本质和细节特征，如动植物、人造物等。

（2）**抽象形态**。在现实生活中找不到明确相对应的形态，也无法直接辨认出原型形态的形象及意义。抽象形态是根据具象形态为原型，进而抽象、概括出的带有纯粹性或概念意味的形态。例如，几何形体就是纯粹的概念形态。

具象形态是抽象形态的素材和原型，对其研究自然也是工业设计素描的直接对象和重点内容。工业设计形态基础教学一般将抽象形态的训练放在造型原理和设计思维方法相结合的训练课程中，对具象形态的研究主要集中在素描教学。素描领域对具象形态的研究是通过以物象形态为原型和依据而进行的造型活动，是通过眼、脑、手的相互协调，对现实事物的观察、分析、表现，将事物在二维平面再现的训练过程，并借此训练绘画者对造型语言的理解和视觉化的技巧。

2．素描具象形态研究的基本知识

人们在现实世界中对具象形态的认识和再现，主要是以对事物的直觉和最初感受为主体，这种直觉的最初视觉表现形式具有符号化、简化和抽象化的特点，例如原始的抽象壁画。随着对事物认识的深化和对自然事物造型的真实表现需求加深，人们逐渐发现自身的感知觉与事物的真实状态存在着很大的区别。通过对这种区别的认识和经验的积累，随着理性认识水平和科技水平的提高，借助技术与实验，人们对事物写实表现的认识及方法逐步系统、完善。对事物在二维画面上进行写实表现的形式理论，除对物象的色彩和在画面上布局描绘对象的构图方法外，还发展了许多系统地对事物进行写实表现的方法，

主要包括透视法、比例法、解剖学和明暗表达法。

（1）**透视法**。透视是一种视觉现象，是在二维画面上再现三维世界事物的立体感和空间感的方法。透视的基本方法是以一个共同的视点为中心，将现实三维世界的事物纳入以这个视点为中心的统一空间结构中，使被描画的所有对象都受到共同的透视空间限定，进而使对象的比例关系受特定透视变形规律的控制。图 1-17 所示为画家丢勒用铜版画形式记载的研究透视的装置。

图 1-17　画家丢勒用铜版画形式记载的研究透视的设计装置

（2）**自然界隐藏的形态数字关系——比例**。比例是自然万物都具有的共同的数学逻辑关系，自然也是现实事物的视觉逻辑关系。典型的比例关系如对称（见图 1-18和图 1-19）、黄金比例（见图 1-20和图 1-21）等。

图 1-18　自然界的对称形态

图1-19 产品的对称形态

图1-20 自然界中的
黄金比例

图1-21 苹果手机人机界面布局的黄金比例

（3）**解剖学**。解剖学通过对人或动植物进行解剖来获得其内部

构造及其相互之间的关联（见图1-22）。对人造物的研究也引入解剖结构的表达方式，这更有助于人们对人造物进行分析、研究和设计（见图1-23）。

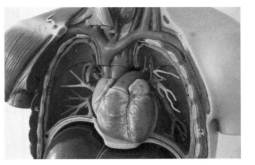

图1-22 人体解剖结构

图1-23 产品内部构造解剖

（4）**明暗表达法**。透视可以在二维画面上表现一定程度的三维深度关系，但并不真实，通过明暗表达法使物体按光影规律，产生从明到暗的连续过渡，这种表现方法使画面中被表现的物体呈现逼真的三维效果（见图1-24）。

图1-24 石膏浮雕头像的明暗表达

3. 工业设计素描中具象形态表现的视觉因素

人与外界的视觉感受是将外界事物不同物理属性的组合以视觉影像的形式投射到视网膜，由大脑主观意识控制的视觉神经有选择地接收视觉生理结构传递的视觉信息，人的视觉器官是以此种方式来感知

外界事物的。物象不同物理属性的组合是人接收视觉信息的关键部分，通常物象的物理属性包括形状、结构、大小、数量、质感、尺度、方向、位置、空间、秩序、光影等，不同的具象视觉表现形式之间的差别就是由不同物理属性组合而产生的。工业设计素描对具象形态的研究，不仅要对绘画物体的视觉因素进行准确的视觉表现，还要对所描绘的对象进行功能和外观形态的理性分析，因此，在素描中一般将具象形态表现的视觉因素分为如下两类。

（1）结构因素。结构因素包括形体表面结构、形体内部功能结构（形体的解剖结构）和空间结构。形体的不同结构承载着各种信息，形体也因此具有各异的功能。自然形体的结构，如花粉颗粒，其形状结构使它能够轻易地实现在空中漂浮（见图1-25和图1-26）。

图1-25　显微镜下的花粉颗粒

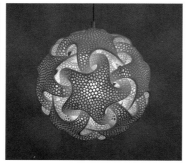
图1-26　模拟生物结构的灯具

（2）表面因素。人工形态的造型离不开材料，这些材料既有天然的，如木材、石材、竹藤等，也有人工的，如钢铁、塑料、橡胶等。因此，不同形体依自身机能结构和外在环境的需求，形成具有质感、硬度、轻重、冷热等不同属性集成的表面（见图1-27和图1-28）。

图1-27　拉丝金属的产品表面处理

图1-28　亚光塑胶的产品表面处理

1.2.5　工业设计素描形态研究的类别

工业设计师研究人造形态主要是为了探究其功能结构与形态的组合规律，研究自然形态是为了探究生物形态的成长原因，进而用来指导设计实践。素描教学将以引导学生认识、观察、分析不同形态的构成规律作为重要的教学内容。

对形态的认识和把握应由简入繁，逐步深入。

1．几何形态

几何形体是所有形体中最简洁、最具概括力的形态。它具有严谨的数据关系和空间规律，其他复杂的形体都可以概括为基本的几何形体或几何形体组合。通过几何形体的绘画训练可以提高学生对比例和尺度的敏感性和判断力，还可以提高学生对形体的归纳、分析能力，掌握正确使用辅助线构建形体和空间的方法（见图1-29）。

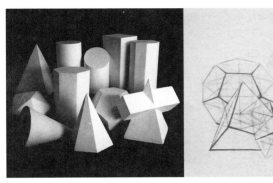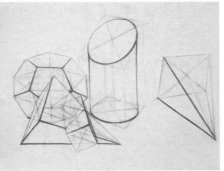

图 1-29　几何形体组合

2．机械形态

机械形态是比几何形体稍复杂的人造形态。由于机械形态受加工方式的限制，呈现出的形体形式较单一、规则，曲面形态构成简单，形体组合重复形态构成频率高，因此，通过对机械形态的绘画训练可以使学生强化和巩固基础形态的基本功，熟练掌握和运用辅助线构建形体和空间。机械形态具有典型的连接结构关系，不同类型的连接结构关系的拆解和分析绘画练习，对今后理解与处理产品形体的大结构关系非常有帮助（见图 1-30）。

3．产品形态

产品种类繁多，形体构成情况复杂，一般可概括归纳为五类。

（1）以直棱体组合或以直棱体为主体构成的三维形态（见图 1-31）。

（2）以圆柱体为主体形态构成的三维形态（见图 1-32）。

（3）以球体组合或以球体为主构成的三维形态（见图 1-33）。

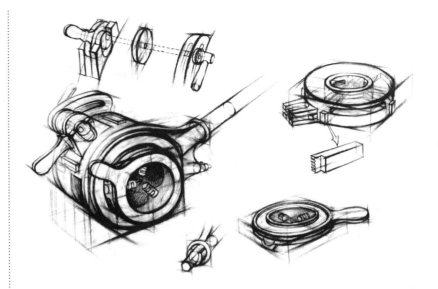

图 1-30　机械零件的结构及其表现

图 1-31　以直棱体为主体形态构成的计算机键盘

图1-32　以圆柱体为主体形态构成的手持吸尘器

图1-33　以球体为主要形态特征的生活噪声净化装置

（4）以二维曲面为主体形态构成的形体（见图1-34）。

（5）以三维曲面为主体构成的形体（见图1-35）。

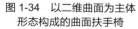

图1-34　以二维曲面为主体形态构成的曲面扶手椅

图1-35　以三维曲面为主体构成的概念车

4. 自然形态

工业设计素描对自然形态的研究主要侧重两方面。一是对自然形态加以模仿。关注自然形态的外在视觉元素构成（见图1-36）。二是对形态的存在形式和内在规律进行把握。关注自然形态的构造、机能，运用形态的构成规律将其重新组合，形成具有某种抽象机能的新形态（见图1-36）。

图1-36　松塔的形态结构素描

1.2.6　素描的一般画法和表现

素描作为研习造型基础的传统课程，一般按表现形式和用途大致分为速写、全因素素描、结构素描、表现性素描、设计素描等。

1. 速写

速写是一种快速的写生方法。在纯艺术中，速写是画家创作的准备工作和记录手段（见图1-37）。

图1-37　列奥纳多·达·芬奇绘画手稿

2．全因素素描

全因素素描以光影、明暗为主要造型手段，空间、形体、质感等因素都是重要的表现内容，也是最为常见的素描表现形式（见图 1-38）。

图 1-38　马头的石膏像素描

3．结构素描

结构素描是以训练三维空间的想象力和把握能力为目的，以理解结构为前提，运用线条为主要表现手段的素描表现形式。一般不施加或施加少许明暗关系，弱化光影变化，强调描画对象的结构特征（见图 1-39）。

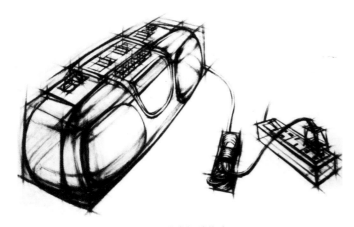

图 1-39　收音机结构表现

4．表现性素描

表现性素描侧重作者对客观物象的内心情感体验、艺术思维活动和个性表现，超越对客观物象简单表面再现，以客观物象为基础和原型，注重的是作者的主观感受，通过创意思维注入艺术创造性、融入个性化的表现，从而形成个体的艺术语言（见图 1-40）。

图 1-40　金鱼的夸张视觉表现

5．设计素描

设计素描是为了设计中初步表达构思所进行的描画，注重培养训练创造性的思维及功能匹配的造型行为，揭示物象的内涵及构造规律，不注重装饰和加工，因设计学科不同，其画法和表现形式丰富多样。此处介绍一些工业设计素描相关的常见表现方式。

（1）强调形态结构的表达。任何一种形态都是由不同形体按一定的功能关系组合而成的三维空间形态，每个形体都有自身特有的构造形式，形体组合之间也具有不同的构造关系（见图 1-41）。

（2）强调形体解剖结构的表达（见图 1-42）。

（3）从不同角度把握形态的特征（见图 1-43）。

（4）强调形态质地的表达（见图 1-44）。

（5）对描绘对象进行抽象性的变换（见图 1-45）。

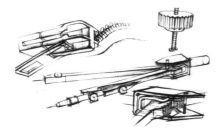

图 1-41　对产品局部功能的结构表现

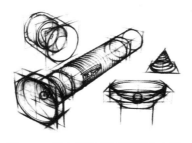

图 1-42　手电筒的形体拆解结构表现

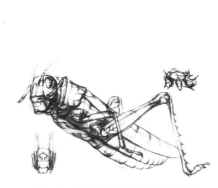

图 1-43　昆虫不同角度的结构表现

图 1-44　羽毛的质感表现

图 1-45　水杉球果的结构变换表现

因不同造型艺术门类的专业需求和个体差异，所以其画法和表现方式各有不同。因不同设计门类的设计表达目的和手法差异，所以不同设计专业素描的画法、关注的重点和表现方式各有特色。

对工业设计而言，结构是产品设计的核心，很多工业设计专业的素描课程更注重形体结构关系的训练，如果工业设计素描课程受课时等因素的限制，建议将课程的重心集中在结构因素的训练上。

对产品的结构、材料与工艺关系进行观察、描画，增加视觉经验的积累，对于产品设计的学习而言至关重要。因此，在教学实践中，可以依据艺术和理工科学生的绘画基础情况、课时量，以强调形体结构及解剖结构为训练主体，结合其他表现方式设定综合训练题目。

本章习题

1．思考素描与设计的关系。

2．思考工业设计素描对形态研究的基本观点。

工业设计素描教程（第 2 版）

第 2 章
工业设计素描基础知识

CHAPTER 2
BASIC KNOWLEDGE OF INDUSTRIAL
DESIGN SKETCH

第 1 章从工业设计角度对素描做了系统的论述，本章将对具体的理论知识及造型表现力的表达技巧做详细的介绍，大致分为两部分内容：第一部分重点是掌握工业设计素描涉及的基本概念、观察方法及绘画步骤；第二部分重点强化对基础形体的认识并进行绘画训练。

本章重点

- 理解并掌握工业设计素描涉及的基本概念。
- 掌握观察方法。
- 强化对结构画法的训练。

2.1 基本概念

2.1.1 常用名词

设计素描涉及的基本概念如下。

1. 空间

设计素描中的空间是指三维形体在三维空间中的相对位置关系。

2. 结构

设计素描中的结构是指素描对象的形体空间构成。

3. 色彩与质地

色彩与质地是形体视觉表面特征的主要因素。

4. 构图

构图是指在绘画时，根据题材和主题思想的要求，把要表现的形象适当地组织起来，构成一个协调、完整的画面。

5. 点

点在设计素描中是标定形体位置关系的重要参考，其数量的多少是界定形体复杂程度的重要参数。其中对不同类型的点的认识和运用是定位形体尺度关系的重要依据。

（1）端点。形体各区间的边界点都可以统称为端点。

（2）中点。形体各区间的中间点都可以统称为中点。

（3）基点。对形体判断的参考点，多作为对形体进行成比例分段界定的参考。

6. 线

（1）形体结构线。结构线是在特定的观察角度下，形体形态变化而产生的转折关系。一般为主要强调的线条，对结构线的强调和塑造可以强化和丰富形体的三维空间关系，如图2-1所示（彩图见插页图1或扫描二维码获取）。

图2-1 吸尘器的主体形态结构转折线

（2）辅助线。辅助线是初学者在绘画过程中画出的各种标记形体关系、定位形体特征的线。通过画辅助线可方便地寻找画面比例、透视、结构关系。在绘画过程中，一旦画面中各形体的位置关系被确定下来，辅助线在画面中就失去了意义。随着绘画熟练程度的逐渐提高，当绘画者能凭目测直接准确描画物象时，就不必再画辅助线，而直接定位形体的轴线、结构线、外轮廓线（见图2-2）。

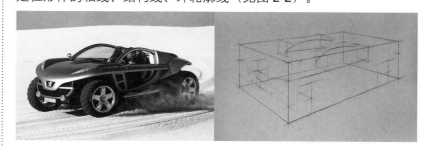

图2-2 确定车主体结构透视方向和形体位置的辅助线

（3）形体轮廓线。轮廓线是随观察视线延伸到被观察形体消失的点所连线形成的线条。不同形体因其观察角度不同，会形成不同的外轮廓，对形体外轮廓的塑造，会丰富表达形体的空间结构，在结构素描中配合结构线的塑造，使得通过线条塑造的形体具有坚实的三维空间关系，如图 2-3 所示（彩图见插页图 2 或扫描二维码获取）。

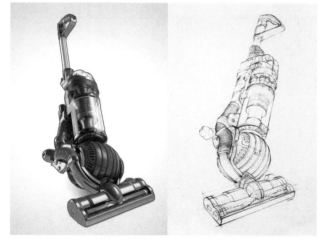

图 2-3　吸尘器外轮廓线的塑造

（4）形体中轴线。中轴线是形体结构的核心部分，是对描绘对象的中心定位，是确定画面构图、描绘形体的结构关系、分析复杂形体的重要依据，如图 2-4 所示（彩图见插页图 3 或扫描二维码获取）。

2.1.2　构图

素描构图是对绘画目标形体在画面中的整体布局和安排。构图的关键是要处理好绘画对象在画面中统一和变化的视觉关系，要考虑如

图 2-4　吸尘器的中轴线是确定各部分形体结构的关键

对比、动势、平衡、节奏等视觉因素。工业设计素描多以研究形态对象为目的，组合形体描画得较少，因此，构图时需要注意以下几个方面的问题。

（1）关注绘画的主体形体在画面中的位置安排及其他次要和附属形体与主体形体之间的位置关系和平衡。

（2）关注画面所有形体形成的外轮廓的变化。

（3）关注画面形体放置平面与视平线的关系。

（4）避免画面形象构置过大、过小、偏上、偏下、偏左、偏右、集中、分散等问题。

2.1.3　透视

掌握透视图原理和法则是设计表达及素描的前提与基础，如果离

开了透视原理的指导，很难徒手使用线条准确表达产品的严谨造型和多变结构。因此，基本形体的透视绘制方法是设计者必备的技能，设计者必须掌握符合视觉习惯和透视规律的画法，并严格按照透视原理徒手绘制形态，这样才能科学而准确地表现描绘对象。

1. 透视的概念

透视是一种视觉现象，在绘画中是一门技法理论，解决从平面到三维空间转换的问题。在生活中观察物体时会发现，等大的物体由于所处的空间位置不同，呈现出近处大、远处小的特点，这就是基本的透视现象。透视原理就是据此现象，将三维空间中的物体准确地描绘在二维平面上。

2. 常用名词

（1）视点。绘画者视觉中心所处的位置。

（2）视平线。绘画者平视时与眼睛高度一致的假设水平线。

（3）灭点。与画面成角度的平行线在无限远处消失的点。

（4）视中线。通过视点并与视平线垂直的线。

（5）视域。指观察者头部和眼球不动时，人眼所能观察到的空间范围。

（6）视距。是指观察者与观察对象之间的距离。

（7）视高。视点的高度。

3. 透视的基本原理

图 2-5 所示为透视原理图。视点、画面和绘画目标物是构成透视的基本条件，观察者的视点固定后，将透明平面（画面）垂直于视平线放置在视点与绘画目标物之间，将视点与绘画目标物的各条形体边线相连接，连接的线会穿过画面，在画面上留下相应的点，将这些点连接起来，就完成了该绘画形体的透视图。

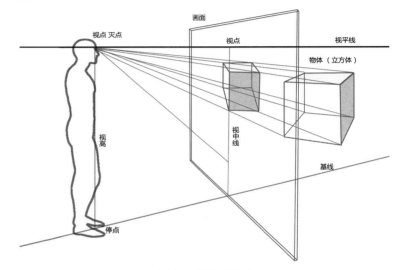

图 2-5　透视原理图

4. 透视分类

生活中常见的透视按对物体的观察位置、角度和灭点数量的不同，可分为三种类型：一点透视、两点透视和三点透视。

（1）**一点透视**，也叫平行透视。例如，当正面观察立方体时，只有与画面垂直的那组平行线产生透视变化交会于画面的视中心，并将立方体平行于画面的两个不同前后空间位置的面连接起来。选择不同视角和视高可以分别表现出立方体的一个、两个或三个面（见图2-6）。

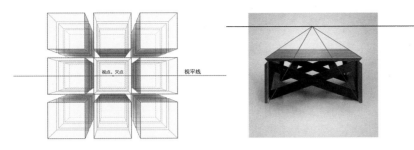

图2-6　一点透视图例

（2）**两点透视，也叫成角透视。**例如，改变立方体的观察角度，与立方体的上下两个平面相垂直的四条边缘线与画面保持平行，其余的两组平行边线产生透视变化，分别交于视中心两边的视平线上，形成两个交点。被画物体高于视平线时，产生透视变化的形体边缘线向下倾斜，交于视平线上。被画物低于视平线时，产生透视变化的形体边缘线向上倾斜，交于视平线上（见图2-7）。

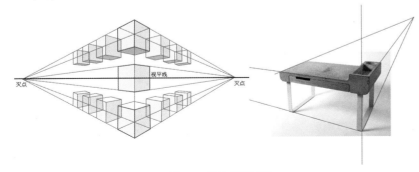

图2-7　两点透视图例

（3）**三点透视，也叫倾斜透视。**例如，当以俯视和仰视来观察立方体时，立方体的任意一条边缘线均不与画面平行，各边缘线的延长线分别消失于三个点。除两点透视中在视平线上形成的两个灭点外，上下方向的各边缘线的延长线汇集于高于视平线或低于视平线的点上，形成三点透视（见图2-8）。

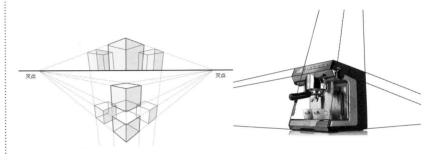

图2-8　三点透视图例

5．透视的基本画法

（1）**透视的角度。**绝大多数形体中，有鲜明视觉特征的形态集中在正面、侧面和顶面，因此，对形体的透视角度表现一般选用最多的是微偏45°、30°和60°，这样能较完整地表现形态特征。45°透视两侧对称，会显得呆板些，偏离中心线一定的角度，会避免呆板（见图2-9）。

（2）**透视的视高。**视平线的高低变化影响产品形态的透视表现，高于视平线和低于视平线的视高选择，适合高大的形体表现，表现出的视觉效果很有画面张力，如建筑、公共设施等。视平线适中的视高选择，适合尺度感适中的形体，一般产品形态的表现都适用。总之，形体透视视高要依据物体所要表现的内容和需求来选择（见图 2-10 和图 2-11）。

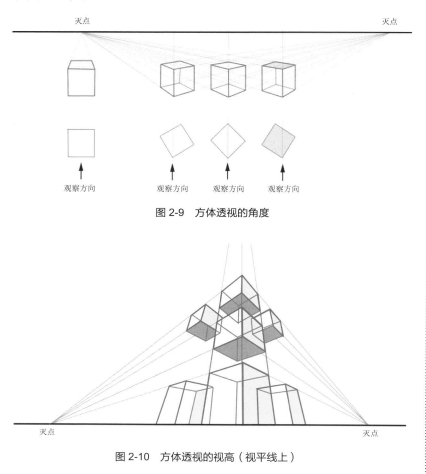

图 2-9　方体透视的角度

图 2-10　方体透视的视高（视平线上）

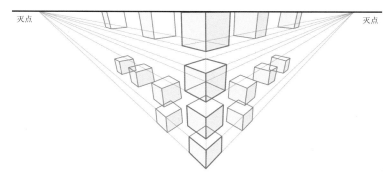

图 2-11　方体透视的视高（视平线下）

（3）**立方体的透视画法**。立方体的透视是一切形体透视的基础，所有形体都可与立方体的透视进行比较，确定其透视角度、方向和变化。下面是运用画法几何的方法画出的立方体透视，便于读者举一反三，进一步理解和掌握其他形体的透视画法（见图 2-12 和图 2-13）。

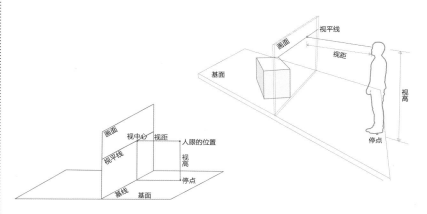

图 2-12　透视原理

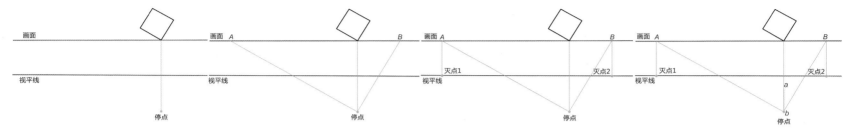

1.先画出视平线和画面线的位置，确定要画立方体的透视角度，将其顶视图画在画面线适当的位置上。将停点与方体距离画面最近的点连线。

2.沿停点作与方体两边平行的线，交画面线于A、B两点。

3.由A、B两点分别向视平线方向引垂线，交视平线生成灭点1、灭点2。

4.沿停点画出与方体边长等长的线ab。

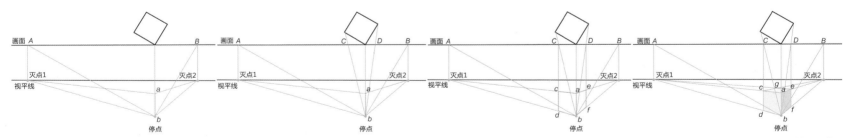

5.将a点分别与灭点1和灭点2连线。

6.将b点与方体的其他两个距离画面最近的点连线，交画面线于C、D两点。

7.由C、D两点分别向视平线方向引垂线，这样就生成了透视立方体的另两条边线cd和ef。

8.将e点和c点分别与灭点1和灭点2连线，两线相交生成点g。完成立方体的绘制。

图2-13　立方体画法几何的透视画法步骤

可运用这种透视画法，练习不同透视角度的九个立方体的画法，进一步强化训练立方体的透视和对透视的视觉感受（见图2-14）。

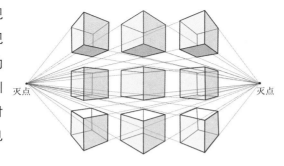

图 2-14　不同透视角度的九个立方体

6．对透视的强化练习

（1）掌握形体的透视变化规律。

① 任何形体都能概括为基本的几何形体，因此，强化几何形体的透视练习，可以迅速掌握透视画法，进而更好地分析复杂形体，提高绘画能力。将看不到的几何形体部分表现出来，可以更好地检验和校正形体的透视和结构。经常在纸上画不同角度的立方体、圆柱体、球体，可以训练培养对透视的直觉感受（见图2-15～图2-17）。

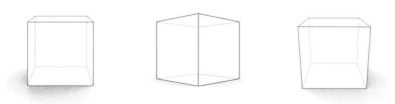

图 2-15　不同透视角度的立方体（一点透视、两点透视、三点透视）

图 2-16　不同透视角度的圆柱（一点透视、三点透视）　　　图 2-17　球体

② 针对形体透视难以把握的圆形、不规则形和三维曲面形态。对圆形的透视，可将圆形划分为两部分来理解和加强视觉感受，将发生透视变化的圆形依中轴线划分为两部分来看。圆形与中轴线相交的部分可以看作是圆形的形体关键转折，距离视点较近的部分发生透视变化相对较小，因此前半段圆弧与后半段圆弧比较，弧度更大、更饱满。通过调整这两部分的弧度变化，可以强化对圆形透视的视觉感受（见图2-18）。

 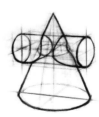

图 2-18　不同透视角度的圆形画法

③ 对不规则形体和三维曲面形态透视，可先将形态归纳划分为对若干个基础几何形体转折的判断，将划分为单元转折的形体概括为基本的几何形态，寻找形体透视关系，再进一步细化细节差异，将转

折关系按主次排序,逐层分析,以此获得形体的准确透视(见图2-19)。

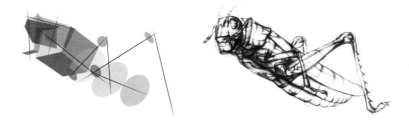

图2-19 不规则形体的透视判断

(2)掌握形体本身的实际结构关系。可通过反复多角度观察和拆解记录形态来加深对形态结构关系的理解和掌握。

(3)建构绘画物体的相对视觉关系。通过不断观察,与有特征的形体进行形态特征差异、体量、尺度、方向的反复对比,增强视觉敏感性。

2.1.4 比例

绘画中的比例是指形体之间或形体自身各部分之间的尺度差异,包括大小、宽窄、高低间的对比关系。在产品设计中,对形态比例的研究和推敲是确定产品形态评价的基础因素。

一般对比例的判断是按照同性质的体量、线条的比较得出。对比例的准确掌握不仅包括物理上的尺寸判断,更主要的是视觉心理上的感受把握。

对规则形体的比例判断可参照发生透视变形较小、同类或相似性

质的形体作为参考获得。对不规则和三维曲面形态透视的把握,可将形态划分为对若干个转折点的判断,将转折点的关系按主次排序,逐个依照相对和绝对空间位置关系对照获得。

总之,人的视觉对比例的判断是"看得越多,看得越准",应尽量在生活中多观察、多分析。

2.1.5 结构与空间

对素描结构因素的分析和表达,弄清楚四种类型线条所应呈现的视觉关系,就能够用线条建构绘画形体的形体结构和空间关系了。这四种类型的线条分别为形体结构转折线、外轮廓线、辅助线、中轴线。关于这四种类型的线条已在之前的线的类型中做了简单介绍,现用图例具体说明。

形体转折线按形体的不同特征,对其判断会有所差异。

(1)直棱体为主体形态构成的形体转折线画法,如图2-20所示(彩图见插页图4或扫描二维码获取)。

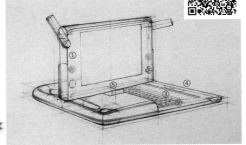

图2-20 直棱体形体转折线的表达

① 鲜明的直棱体转折运用明确的线条表达，具体的表达一般分两种情况。

第一，在观察角度下能看到直棱体形体转折的两个面，且形体转折线凸起，一般为重点强调的线。例如图中标注的①、②两种情况，能看到直棱体形体转折的两个面，但形体转折线凹陷，一般不强调该转折线。如图中标注的③这种情况。

第二，在观察角度下只能看到直棱体形体转折的一个面，一般弱化处理这条转折线（这种类型的线也是直棱体的形体轮廓线），如图中标注的④这种情况。如果这种情况出现在这个形体后面还有其他形体时，为了将二者的前后空间关系表达清楚，一般需要强调这条转折线（轮廓线），如图中标注的⑤这种情况。

② 圆润的形体转折运用柔和的虚面线条表达。

读者可以依据画面整体关系、直棱体的形态特征、形体主次关系、形体空间前后关系，有层次和视觉逻辑的来调整具体需要强调的线条强弱。对这部分内容的充分理解并通过绘画实践训练，就能够快速掌握一般形体的结构画法表达技巧。

（2）以圆柱体为主体形态构成的形体转折线。圆柱体的形体转折线一般通过强调圆柱截面透视变形形成的椭圆形两侧的线条来表达圆柱体的形体空间，如图 2-21 所示（彩图见插页图 5 或扫描二维码获取）。

（3）以球体为主体形态构成的形体转折线。以球体为主体形态构成的形体转折线同圆柱体截面圆形的画法一样，强调透视变形较大的椭圆形两侧，这样用线条就能够表达球体的形体空间，如图 2-22

所示（彩图见插页图 6 或扫描二维码获取）。

图 2-21　圆柱体形体转折线的表达

图 2-22　球体形体转折线的表达

（4）以二维曲面为主体构成形态的形体转折线。依照二维曲面发生形体转折强烈与柔和的不同而变化，强烈的转折更需要强调，如图 2-23 所示（彩图见插页图 7 或扫描二维码获取）。

图 2-23　二维曲面形体转折线的表达

（5）以三维曲面为主体构成形态的形体转折线。鲜明的形体转折运用明确的线条表达，圆润的形体转折运用柔和的虚面线条表达，如图 2-24 所示（彩图见插页图 8 或扫描二维码获取）。

图 2-24　三维曲面形体转折线的表达

2.1.6　色彩与质感

色彩与质感对设计素描而言主要从两方面理解，一是物体表面的组织结构，二是形体表面形成的光影关系的特点，即物体的表面组织和物体的受光性质。

物体的色彩对于素描而言是将有彩色转换成无彩色，即黑白灰的明度变化关系，例如，有彩色中紫色是明度最低的颜色，黄色是明度最高的颜色。

一般物象的质感分为三大类：粗糙灰暗的质感、光滑细腻的质感和不同透明度的质感。质感赋予形体不同软硬、轻重、色彩、冷暖、干湿等特性，结合人们的经验认识和个人喜好，带给人的生理和心理体验是完全不同的。产品设计师需要考虑产品的色彩、质感的表达与触觉体验，这与产品品牌形象塑造、功能识别有很大关系。因此，对物象的色彩与质感的认识就尤为重要。工业设计素描教学通过对物体质感的表达训练，强化学生在质感上的认知、表达和视觉敏感性。图 2-25 所示为不锈钢水杯的质感表现。

图 2-25　不锈钢水杯的质感表现

2.2 观察方法

结构素描与传统素描在观察方法上的共性是关注物象整体与局部的关系，区别是结构素描更关注研究对象个体的实质，观察物象时不受光线的影响，不是对形体某一角度的定位观察，而是以对形体结构全面、清晰的理解为前提。因此，在绘画过程中可以不受观察角度的限制，在二维平面上再现出任何角度观察到的形体，也不受观察物体结构的阻碍而影响对形体内部结构的再现。这样的特征决定了其观察方式与普通素描有些区别。观察方法可以归纳为以下四种。

（1）**多角度全面观察**。不拘泥于某一角度对形体进行观察，多角度观察有助于了解和记忆形体的特征及形体各结构之间的构成关系。

（2）**按视图角度观察**。按照能够正确反映形体的长、宽、高尺寸的三视图（正视图、侧视图、顶视图）来观察形体。按视图观察可以准确判断形体尺度、比例关系，明晰形体结构，辅助大脑对形体三维形态尺度、体量、比例关系进行记忆和分析。图 2-26 所示为苹果手机的三视图。

（3）**拆解形体**。将形体按结构拆解，整个过程有助于记忆或记录形体结构，适用于对结构关系较为复杂的形体进行外部形态结构的理解和内部解剖结构的描画。

（4）**按形态与功能、结构的关系来观察**。形态是以其功能为依据的，联系功能来观察形态，有助于更好地理解形态、把握形态。结构是自然、人工形态的重要因素，要注意观察形体的外部形态与内部结构的关系。

依上述方法对描绘对象进行观察，配合绘画实践，不断重复训练，就不受观察角度的限制，能够随意在画面上再现观察到的形体，结合形体内部结构的分析和表现，将形体表达完整、清晰、透彻。

图 2-26　苹果手机三视图

2.3　绘画的基本步骤

（1）观察。先通过观察对形体有明晰的了解，在大脑中构建形体的形态特征，包括形体结构、尺度关系。

（2）构图。确定绘画目标物在画面中呈现的位置、角度、透视和形体关系。对于角度，一般会选择能够充分表达出形态主体特征的角度，主要集中在侧30°、45°和60°。

（3）起稿。先通过简单的线条定位画面主体形态的轴线、主要转折和外轮廓所在的位置。

（4）初步阶段。进一步确定并强调形体的主要转折所在的画面位置。

（5）绘画阶段。

① 依据主要形体大的转折线所在的位置，建立主要形体的空间结构框架，并进一步精准描绘形体的透视。

② 依据主体形体的空间结构框架和结构线构建次要形体的结构、位置。

③ 依照上述步骤逐步将形体细分，直至深入将形体描画完整。

（6）整理阶段。绘画中整体观念应贯穿各个环节。在整个绘画过程中需要不断调整形体各层次的视觉关系，这是构建画面整体感的关键。尽量时刻保持画面的整体感，即每画一笔都要考虑这根线条是形体的哪部分，所起的作用是什么，应该如何处理它所在画面中的强弱关系，在画面中的对比层次关系和形体的整体体量关系。

对具体绘画步骤的详解，请参看第3章产品形态结构画法及详解一节。

2.4　对几何形体结构认识的强化训练

任何物体的形态都可以归纳为基本的几何形态或几何形态组合。在设计素描绘画过程中，辅助线的引用和结构线的添加也以几何形体的转折关系作为基本的判断依据，这对初学者今后的绘画实践非常有帮助。因此，单独对几何形态的结构强化理解和练习非常重要。因课时限制，加之对这部分内容的掌握需要一个过程，特别是透视和比例的掌握，从理解到表达的准确，需要大量练习和视觉敏感性的培养。

1.　几何形体的构建

通过基础几何形体的结构分析，增加对几何形体的结构规律和特征的认识，如图2-27～图2-29所示。

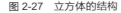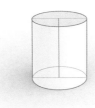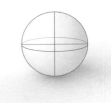

图2-27　立方体的结构　　　图2-28　圆柱体的结构　　　图2-29　球体的结构

2. 几何形体的加减分割

不同几何形体的加减分割，如图 2-30 ～图 2-32 所示。

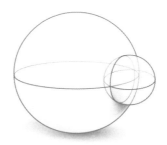

图 2-32　球体加减分割

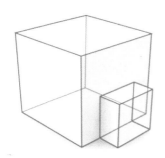
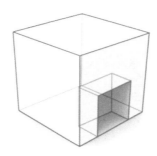

图 2-30　方体加减分割

3. 几何形体的连接和转换

几何形体的连接和转换分别如图 2-33 和图 2-34 所示。

图 2-31　圆柱体加减分割

图 2-33　几何形体的连接　　　　图 2-34　几何形体的转换

4. 作业范例

练习绘制如图 2-35～图 2-38 所示的形态结构。

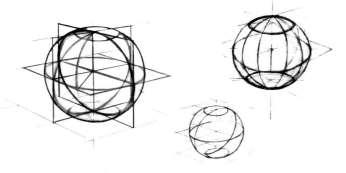

图 2-35 球体的建构

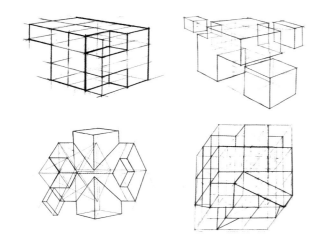

图 2-36 方体的减法分割

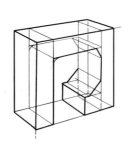
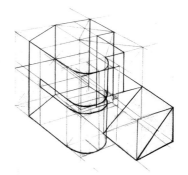

图 2-37 形体的连接

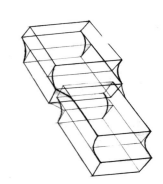

图 2-38 形体的过渡转换

2.5 绘画各阶段易出现的普遍问题

1. 观察阶段

（1）不按视图观察，对透视、比例、形体结构判断失误，就所在位置定点观察，不走动，对形体缺乏了解，经常是看到什么画什么，不思考，画面是扁平化的，缺乏立体感。

（2）经常用笔或尺子测量，缺乏视觉感知对尺度的判断。

（3）不理解形体透视在画面中建立的方法和原理，即观察视角变化后，将不同视角观察到的形体组合在一个画面中，造成画面形体透视混乱。

2．构图阶段

（1）缺乏画面整体的控制，导致构图过小、过大、偏移画面中心。

（2）因为对尺度的判断不准确，导致构图阶段形体尺度差异大，画面形体失真、走形。

（3）无法判断出形体主要转折，导致每次都在局部进行对比，在整体调整，缺乏绘画经验的情况下，如此反复，画面错误不断调整，费时费力，不出效果。

3．绘画阶段

随着绘画形体结构逐渐复杂，对形体关系判断不知所措，其主要原因是对形体的观察和认识的片面和不足。

4．整理阶段

对画面整理的问题源于对画面整体关系的认识和控制。这是初学者难以理解和掌握的关键问题。

本章习题

1．理解并掌握透视原理，练习不同角度方体的透视画法。

2．掌握绘画的观察方法。

3．练习表达形体结构和空间的不同类型线条的画法。

4．按本章给出的示例，理解并反复练习几何形体的建构、加减、连接和转换。

第 3 章
画法、步骤解析及实例参考

CHAPTER 3
DRAWING METHOD,STEP ANALYSIS AND
EXAMPLE REFERENCE

本章内容分为三部分。第一部分依工业设计素描研究对象的形态类别、复杂程度及形体特征分类,以四个产品为例,逐一详解结构描画的步骤。为了更好地理解和掌握本书讲解的观察和绘画方法,读者可结合第 2 章中提到的概念来理解。第二部分是结构画法作业绘画思路解析,挑选学生较难掌握的四个产品,对其进行结构画法思路和步骤讲解,可以使读者掌握更多复杂结构的画法。第三部分为优秀的课堂绘画作业。第四部分附加了向设计表达过渡的产品结构练习实例及产品手绘板绘画步骤,以与设计表达课程内容衔接。

本章重点

- 掌握不同类型形体的结构画法。

3.1　典型产品形态结构画法步骤及详解

　　依工业设计素描研究对象的形态类别、复杂程度及形体特征分类，选择四款产品进行结构画法的步骤分析，并对产品的典型特征形体进行结构画法详解。

3.1.1　以直棱体为主体形态构成的产品——XO 笔记本

　　不同透视角度的 XO 笔记本，如图 3-1 ～图 3-3 所示。

图 3-2　XO 笔记本 2

图 3-1　XO 笔记本 1

在绘画前，先对产品进行多角度全面观察，了解产品各部分形体的结构关系。XO 儿童笔记本的形态特征可大致归纳为一个由两个主体部分依旋转轴连接而成的直棱体。明确了形体特征后，选择一个能够较充分表达该产品形体特征的角度来构建画面。通过不断观察、分析形体，确认各部分形体的比例关系，确定主体形态大的结构转折关系，而后逐级确认细节形体的结构和转折。

1. 绘画重点及难点

重点：掌握不同角度直棱体的透视画法，掌握直棱体的结构画法。

难点：掌握不同角度直棱体产生透视变化后的形体转折结构线、形体轮廓线画法。

图 3-3　XO 笔记本 3

图片来源（图 3-1～图 3-3）：http://one.laptop.org（范图：李丹）

2. 结构画法绘画步骤

步骤一：

依照能够较充分表达该产品形体特征的角度和透视方向确定产品主要形体的基本轴线及轮廓线，如图3-4所示。

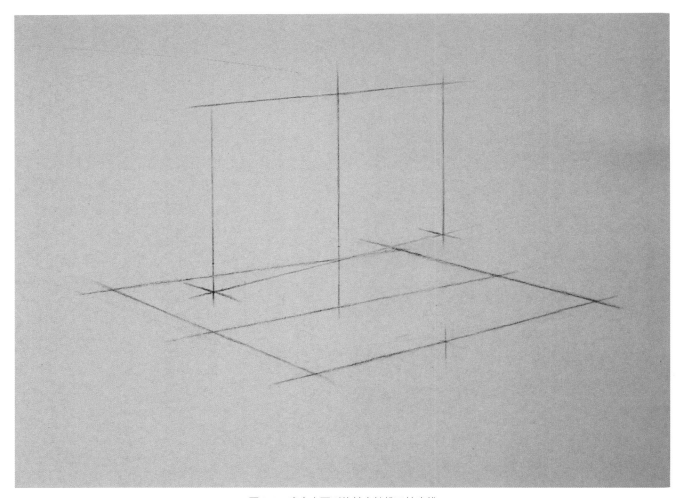

图3-4 确定主要形体基本轴线及轮廓线

步骤二：

依据轴线，参考轮廓线，画出产品主要形体的结构和转折关系，构建产品形态的三维空间关系，如图 3-5 所示。

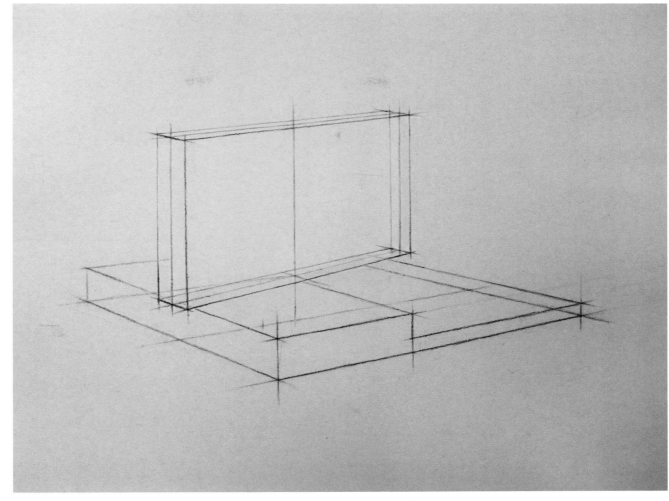

图 3-5　准确定位形体的外轮廓线

步骤三：

　　细化产品主要形体的形态特征，如图 3-6 所示。

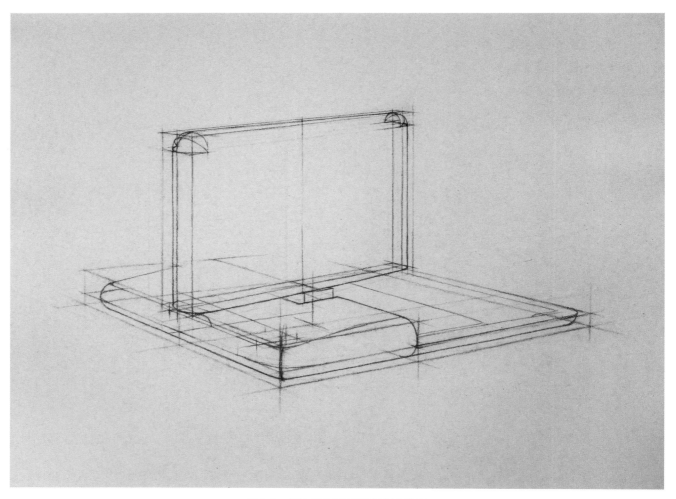

图 3-6　细化产品主要形体的形态特征

步骤四：

    逐个深入细化产品各部分次要形体和附属构件的形态结构和转折，如图 3-7 所示。

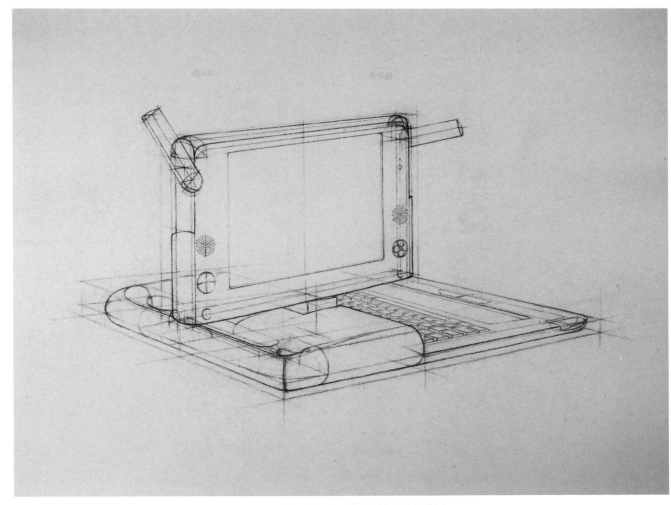

图 3-7　深入细化各部分形体的形态结构和转折

步骤五：

强化、区分各部分形体的形态特征，注意产品整体和局部的形体对比关系，如图 3-8 所示。

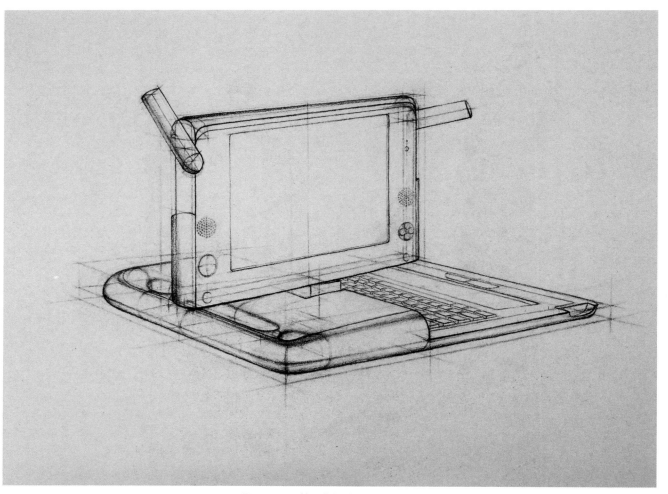

图 3-8　XO 笔记本的结构画法完成图

3. 产品关键形体的结构画法详解

XO 笔记本关键形体示意图如图 3-9 所示（彩图见插页图 9 或扫描二维码获取）。

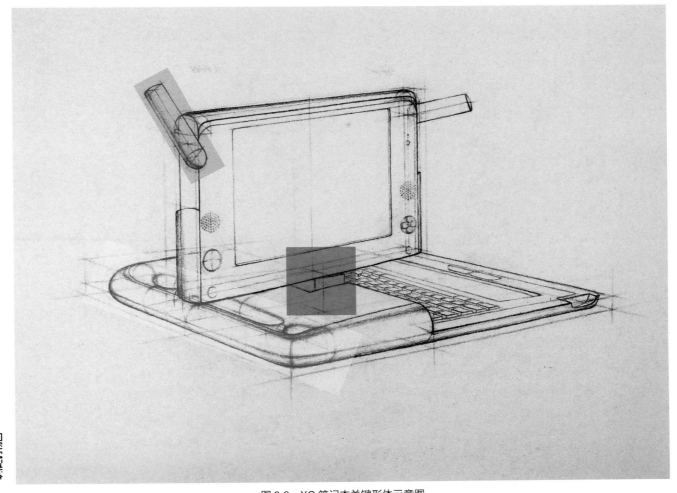

图 3-9　XO 笔记本关键形体示意图

（1）XO 笔记本把手的结构画法如图 3-10 所示（彩图见插页图 10 或扫描二维码获取）。

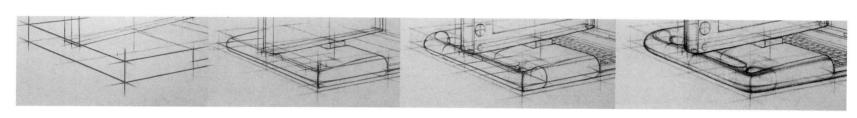

图 3-10　XO 笔记本把手的结构画法

① 将 XO 笔记本把手部分形体归纳为方体，画出外轮廓。

② 多角度观察明确形体特征，确定把手外轮廓的形体转折线，画出把手的外轮廓。

③ 通过把手的关键轴线来确认把手关键转折截面的形态，进而明确把手的形态和两侧圆孔的位置、形体转折和轮廓。

④ 将把手的外轮廓线和形体转折线进一步区分，并协调与画面其他形体的整体视觉关系。

（2）XO 笔记本转轴的结构画法如图 3-11 所示（彩图见插页图 11 或扫描二维码获取）。

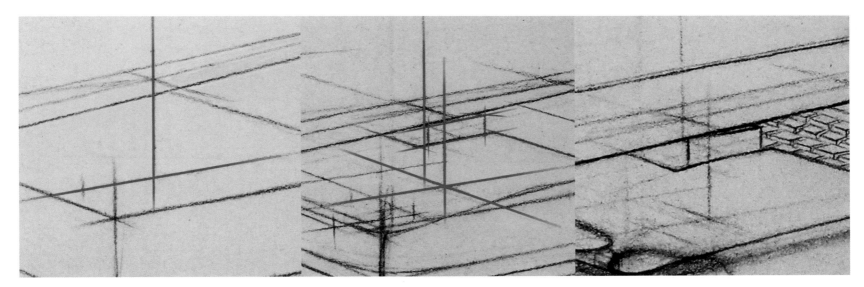

图 3-11　XO 笔记本转轴的结构画法

① 转轴形体是 XO 笔记本形态的关键部位，决定了产品的功能状态。通过多角度观察明确形体特征，利用笔记本底座的中轴线定位转轴的中轴线位置。

② 细化形体轴线和形体结构的关系。

③ 进一步塑造形体细节，并协调与画面其他形体的整体视觉关系。

（3）XO 笔记本屏幕转角及耳板的结构画法，如图 3-12 所示（彩图见插页图 12 或扫描二维码获取）。

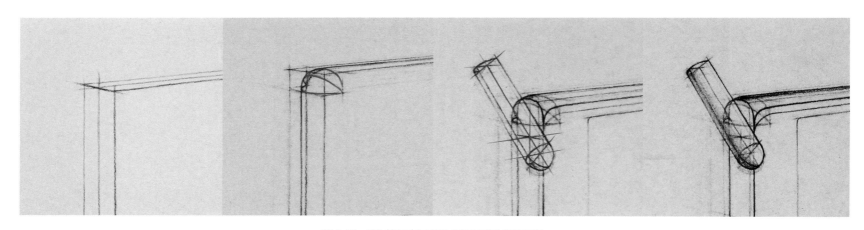

图 3-12　XO 笔记本屏幕转角及耳板的结构画法

① 将 XO 笔记本电脑屏幕部分形体归纳为方体，画出外轮廓。

② 找出屏幕转角的三个关键转折线，将三个转折线最外缘光滑连接，确定屏幕外轮廓线。

③ 细化屏幕形态特征，通过屏幕侧面轴线来定位耳板的透视，确认耳板关键的两个转折截面，画出耳板的轮廓线。

④ 通过线条的刻画区分耳板、屏幕的外轮廓线和形体转折线，并协调与画面其他形体的整体视觉关系。

3.1.2 以圆柱体和球体为主体形态构成的产品——戴森吸尘器：DYSON BALL

不同透视角度和结构的吸尘器，如图 3-13～图 3-17 所示。

图 3-13 吸尘器透视图

图 3-14 吸尘器侧视图

图 3-15　吸尘器正视图

图 3-16　吸尘器细节图

图 3-17　吸尘器结构拆解图

图片来源（图 3-13 ～图 3-17）：http://www.dyson.cn（范图：李丹）

在绘画前，先对产品进行多角度全面观察，了解产品各部分形体的结构关系。戴森吸尘器形态的突出特征是：产品的主要形体沿一个轴线布局。明确形体特征后，选择一个能够较充分表达该产品形体特征的角度来构建画面。通过不断观察、分析形体、确认各部分形体的比例关系，确定主体形态大的结构转折关系，而后逐级确认细节形体的结构和转折。

1.　绘画重点及难点

重点：掌握圆柱体、球体的结构画法；圆柱体的连接结构画法；不同类型形体的结构转折线、形体轮廓线画法。

难点：圆柱体、球体的结构画法。

2. 结构画法绘画步骤

步骤一：

依照能够较充分表达该产品形体特征的角度和透视方向，确定产品主要形体的轮廓及轴线，如图 3-18 所示。

图 3-18　确定产品主要形体轴线与轮廓

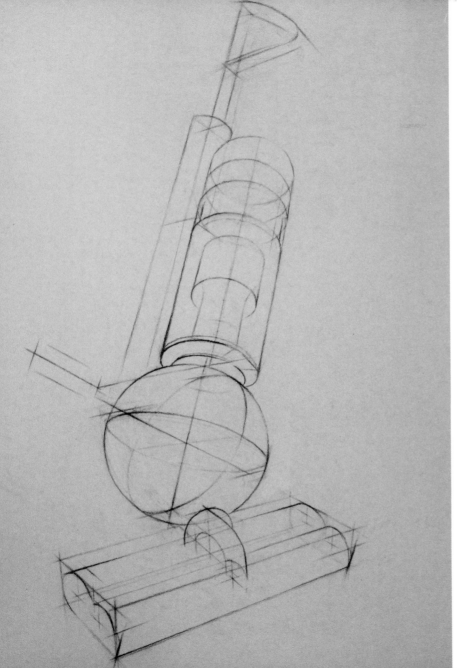

步骤二:

依形体轴线和外轮廓线,画出主要形体的结构和转折关系,构建产品主体形态的三维空间关系,如图 3-19 所示。

图 3-19 完成主要形体的三维结构形态

步骤三:

细化产品主要形体的形态特征,如图 3-20 所示。

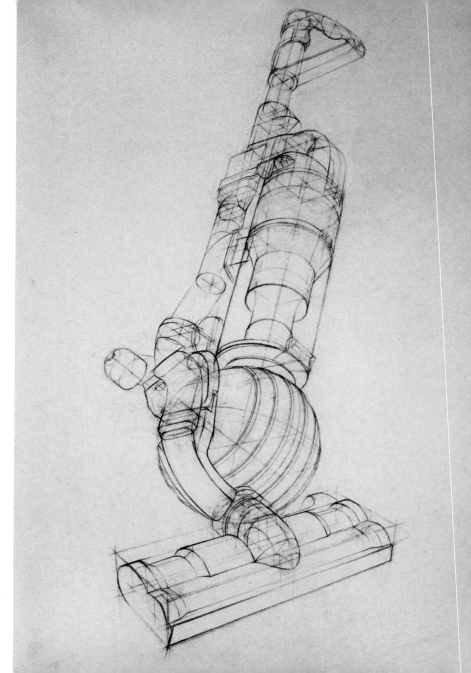

图 3-20　细化产品主要形体的形态特征

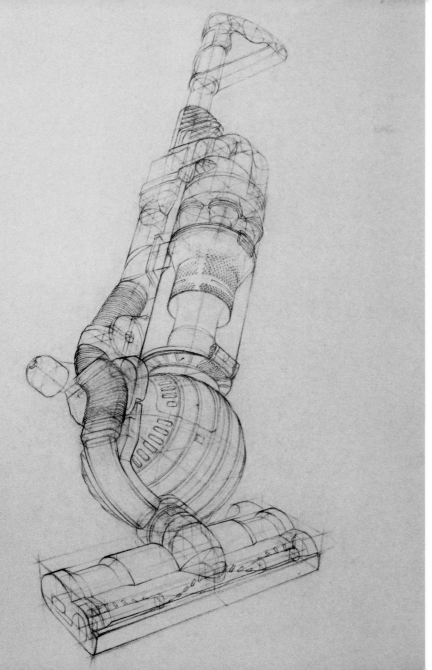

步骤四：

　　逐个细化产品次要及附属部分形体的形态结构和转折，如图3-21所示。

图3-21　细化结构和转折

步骤五：

　　强化、区分各部分形体的形态特征，关照产品整体和局部的形体
对比关系，直至画面各部分形体结构描画完整，如图 3-22 所示。

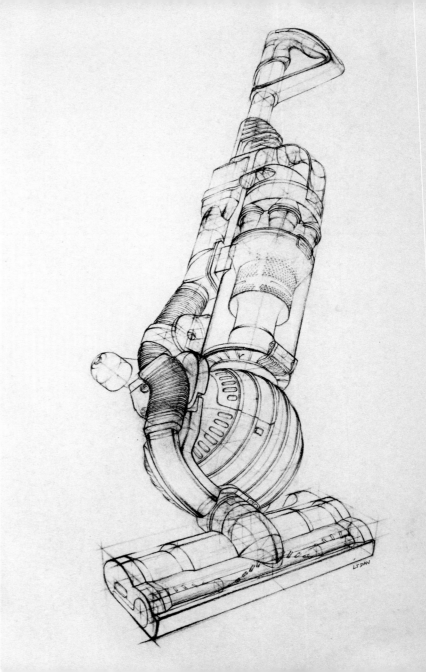

图 3-22　戴森吸尘器的结构画法完成图

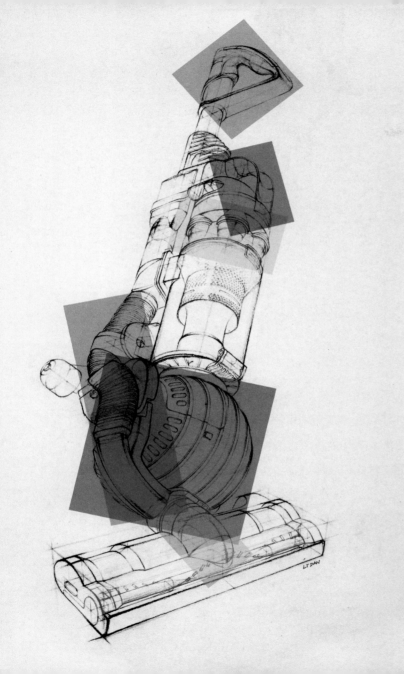

3．产品关键形体的结构画法详解

吸尘器关键形体示意图如图 3-23 所示（彩图见插页图 13 或扫描二维码获取）。

图 3-23　吸尘器关键形体示意图

（1）吸尘器毛刷辊的结构画法如图 3-24 所示（彩图见插页图 14 或扫描二维码获取）。

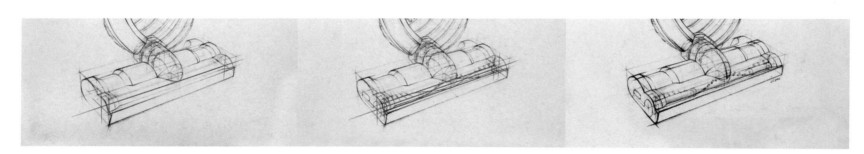

图 3-24　吸尘器毛刷辊的结构画法

① 确定毛刷辊的中轴线位置。

② 通过毛刷辊的中轴线画出毛刷辊的两个圆形截面，将两个圆形截面最外缘相连得到毛刷辊的主体形态（细长圆柱体）。两排毛刷孔的孔位依圆柱体表面旋转排列，在圆柱体表面画出两排毛刷孔的孔位连线，并对孔位连线进行等位划分，以此来定位毛刷孔的准确位置。每个毛刷的方向定位依照毛刷辊的圆柱体中轴线为中心，沿径向画出。

③ 通过线条的刻画区分毛刷辊的主体、细节外轮廓线和形体转折线的关系，并协调与画面其他形体的整体视觉关系。

（2）吸尘管的结构画法如图 3-25 所示（彩图见插页图 15 或扫描二维码获取）。

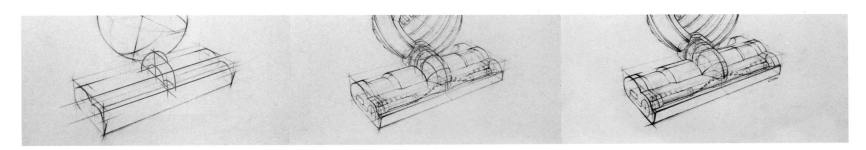

图 3-25 吸尘管的结构画法

① 吸尘管是以吸尘头外壳结构为基础的四分之一半圆环。先以吸尘头中轴线为圆心，在吸尘头外壳中央画出决定吸尘管形体特征的关键转折截面，就定位了吸尘管的位置和基本形态。

② 依据步骤①中吸尘管的截面线条，画出决定吸尘管转折的两个截面，将吸尘管转折的三个截面外缘相连，就能够画出完整的吸尘管轮廓。

③ 进一步细化吸尘管与其他部件连接关系的形体转折和轮廓，并协调与画面其他形体的整体视觉关系。

（3）球轮的结构画法如图 3-26 所示（彩图见插页图 16 或扫描二维码获取）。

图 3-26　球轮的结构画法

① 依据形体整体的轴线，初步定位球体的形体转折线。

② 依据已画出的轴线和转折线定位球体的方向，进一步画出球体的外轮廓线。

③ 依据球体的中轴线画出球体表面纹理。

④ 进一步细化球体表面形态结构，画出细节形体的结构转折和外轮廓，通过线条的刻画区分外轮廓线和形体转折线的特征，并协调与画面其他形体的整体视觉关系。

（4）吸尘器旋转结构的画法如图 3-27 所示（彩图见插页图 17 或扫描二维码获取）。

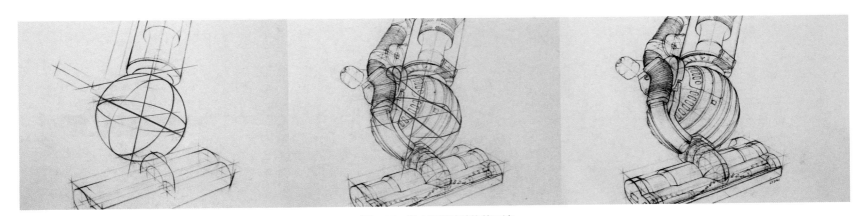

图 3-27　吸尘器旋转结构的画法

① 先画出球体的轴线、转折线和轮廓线，以此作为参考（加粗的轴线是定位吸尘器吸尘软管及其连接管的透视和位置的重要参考线），画出旋转结构主体部件的中轴线。

② 依据中轴线画出旋转结构最具特征的曲面外轮廓线。找到了这条线，也就确定了旋转轴的透视和形态特征。

③ 进一步细化旋转结构的特征和形体转折关系，并协调与画面其他形体的整体视觉关系。

（5）圆锥气旋集尘器的结构画法如图 3-28 所示（彩图见插页图 18 或扫描二维码获取）。

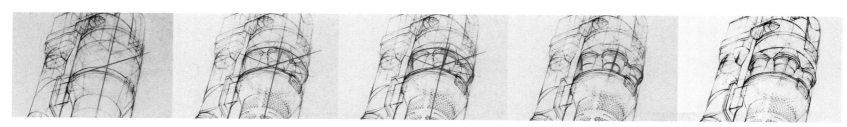

图 3-28　圆锥气旋集尘器的结构画法

① 画出集尘筒的中轴线及圆锥气旋集尘器顶面的中轴线。

② 依中轴线为参考，定位圆锥气旋集尘器中轴线的位置。

③ 描画形体结构特征，画出圆锥气旋集尘器大的结构转折和外轮廓。

④ 进一步刻画圆锥气旋集尘器细节形体的结构转折和外轮廓。

⑤ 通过线条的刻画区分圆锥气旋集尘器的外轮廓线和形体转折线的特征，并协调与画面其他形体的整体视觉关系。

（6）吸尘器把手的结构画法如图 3-29 所示（彩图见插页图 19 或扫描二维码获取）。

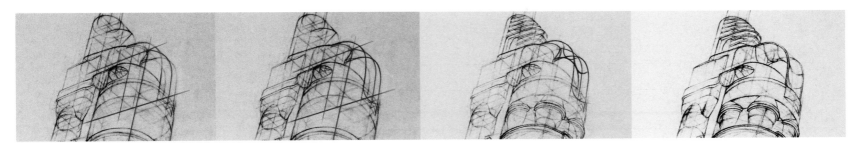

图 3-29　吸尘器把手的结构画法

① 通过集尘筒的中轴线定位把手两端中点的位置，将中点连接得到把手的中轴线。

② 画出把手两端截面，从把手两个截面的两端画把手中轴线的平行线条，即得到把手的外轮廓。

③ 通过把手的两个截面来确定把手整体的形体转折线，增加把手的壁厚，基本完成把手的结构描画。

④ 通过线条的刻画区分形体的外轮廓线和形体转折线的特征，并协调与画面其他形体的整体视觉关系。

（7）吸尘器主体把手的结构画法如图 3-30 所示（彩图见插页图 20 或扫描二维码获取）。

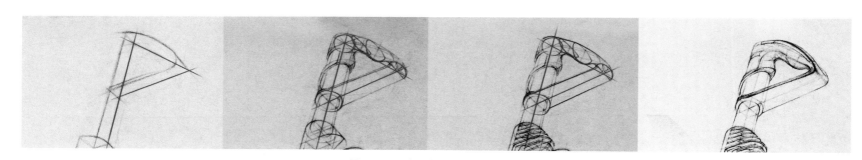

图 3-30　吸尘器主体把手的结构画法

① 沿把手的透视方向画出把手的中轴线。

② 沿把手的轴线画出把手形态关键转折的五个截面。

③ 将把手的这五个截面的边缘光滑连接，就画出了把手的形体结构。

④ 进一步刻画吸尘器主体把手的细节形体变化的结构转折和外轮廓。通过线条的刻画区分形体的外轮廓线和形体转折线的特征，并协调与画面其他形体的整体视觉关系。

3.1.3　以二维曲面为主体形态构成的产品——Leaf Light LED 台灯

不同透视角度的 Leaf Light LED 台灯，如图 3-31 ~ 图 3-35 所示。

图 3-31　台灯透视图

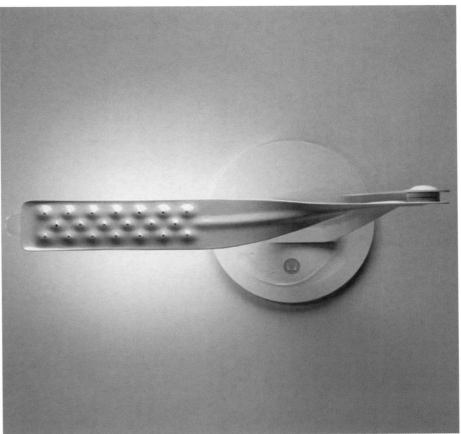

图 3-32　台灯顶视图

图 3-33　台灯局部透视图

图 3-34　台灯体转折结构细节图

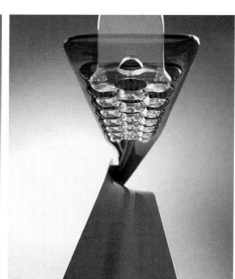

图 3-35　台灯头细节图

图片来源（图 3-31 ～ 图 3-35）：http://www.hi-id.com（范图：李丹）

在绘画前，先对产品进行多角度全面观察，充分了解产品各部分形体的结构关系。Leaf Light LED 台灯形态的突出特征是：产品形态主体是沿形体中轴线旋转的二维曲面。明确了产品的形体特征，选择一个能够较充分表达该产品形体特征的角度来构建画面。通过不断观察、分析形体、确认各部分形体的比例关系，确定主体形态大的结构转折关系，而后逐级确认细节形体的结构和转折。

1. 绘画重点及难点

重点：二维曲面的结构画法。单元连续重复的简单三维曲面的结构画法。

难点：沿形体轴线旋转的二维曲面的结构画法，三维曲面的结构表达法。

2. 结构画法绘画步骤

步骤一：

依照能够较充分表达该产品形体特征的角度和透视方向，确定产品主体形态的轴线及轮廓线，如图 3-36 所示。

图 3-36 确定产品主体形态的轴线及轮廓线

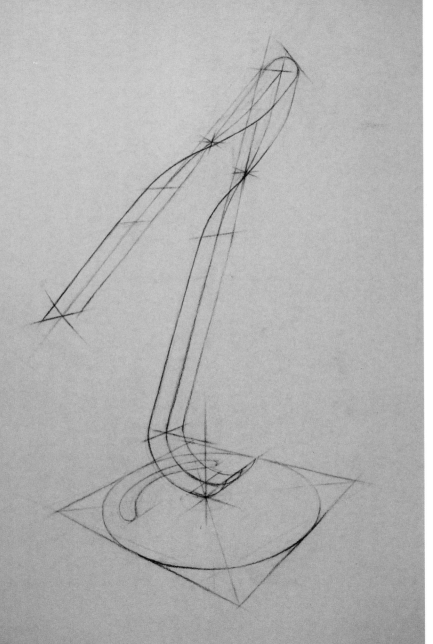

步骤二:

构建产品主要形体的结构、转折关系，定位形体外轮廓线，如图 3-37 所示。

图 3-37　构建产品主要形体的结构、转折关系和外轮廓线

画出产品主要形体的形态特征，如图 3-38 所示。

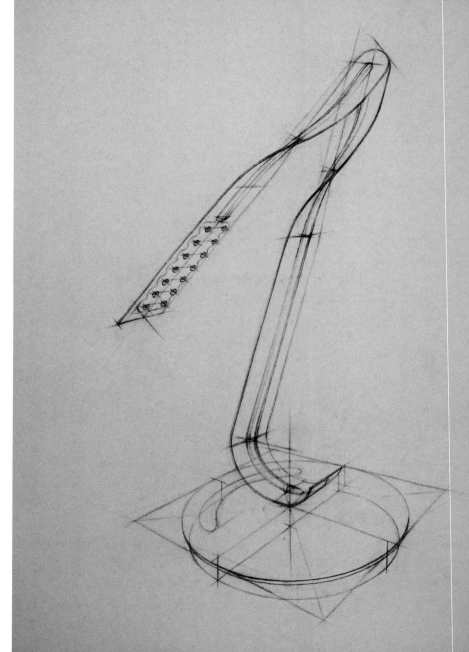

图 3-38　产品次要和附属形体的结构、转折关系和外轮廓线

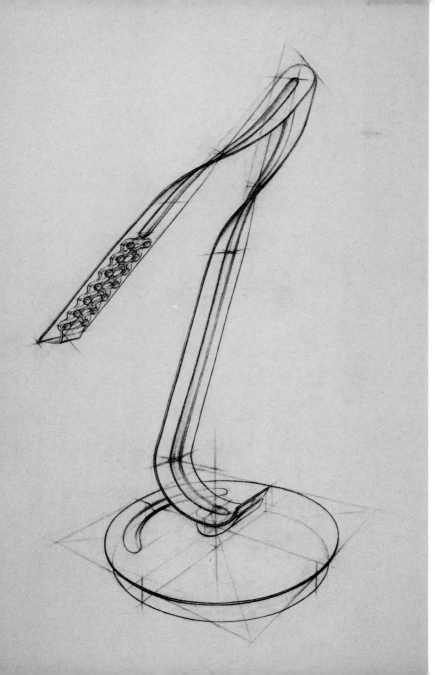

步骤四：

　　逐个细化产品各部分形体的形态结构和转折，强化、区分各部分形体的形态特征，协调与画面其他形体的整体视觉关系，如图 3-39 所示。

图 3-39　Leaf Light LED 台灯的结构画法完成图

3. 产品关键形体的结构画法详解

产品关键形体的示意图如图 3-40 所示（彩图见插页图 21 或扫描二维码获取）。

工业设计素描教程（第 2 版）

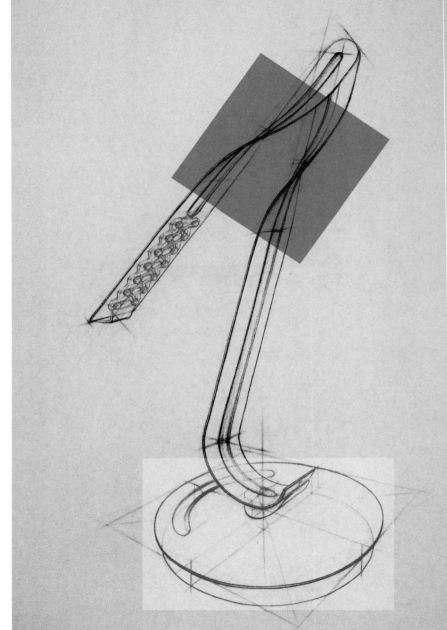

图 3-40　台灯体关键形体示意图

（1）台灯底座及与灯体连接部分的结构画法如图 3-41 所示（彩图见插页图 22 或扫描二维码获取）。

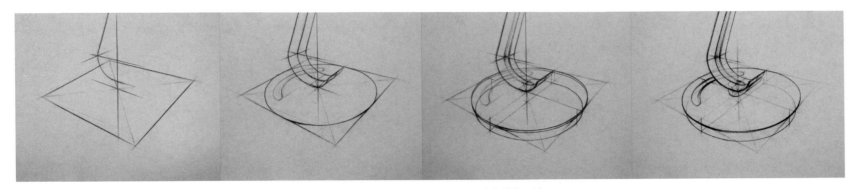

图 3-41　台灯底座及与灯体连接部分的结构画法

① 画出台灯的中轴线和台灯底座的外轮廓线。

② 依照台灯的中轴线定位画出台灯底座及灯体的轮廓线。

③ 沿灯座中轴线定位台灯底座的厚度和形体结构特征。沿灯体中轴画出起关键转折作用的两个截面，将截面的两端相连，画出灯体走线的结构轮廓，将这两个截面的两个最高点相连，就进一步细化了灯体走线处的形态结构。

④ 进一步细化台灯的各部分结构特征和转折关系，并协调与画面其他形体的整体视觉关系。

（2）沿灯体中轴线旋转的二维曲面的结构画法如图 3-42 所示（彩图见插页图 23 或扫描二维码获取）。

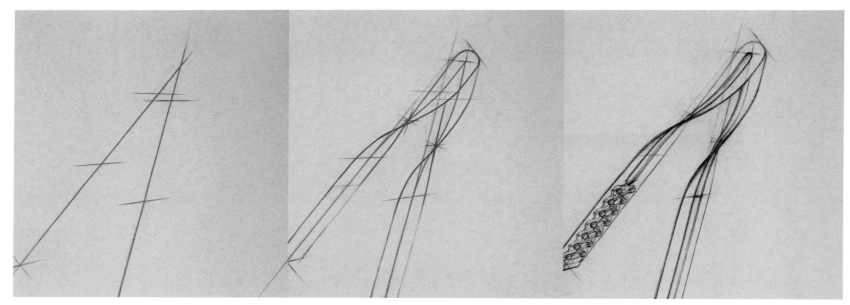

图 3-42 沿灯体中轴线旋转的二维曲面的结构画法

① 按预先设定好的透视角度画出灯体轴线，标定出灯体关键形体结构转折的位置及透视方向。

② 定位灯体旋转轴的位置和透视方向，画出灯体旋转后的中轴线。依灯体旋转轴向两侧延伸出灯体的宽度，画出灯体的外轮廓。

③ 进一步细化灯体的结构特征和转折关系，并协调与画面其他形体的整体视觉关系。

（3）突起孢子状 LED 灯（单元连续重复的简单三维曲面）的结构画法如图 3-43 所示（彩图见插页图 24 或扫描二维码获取）。

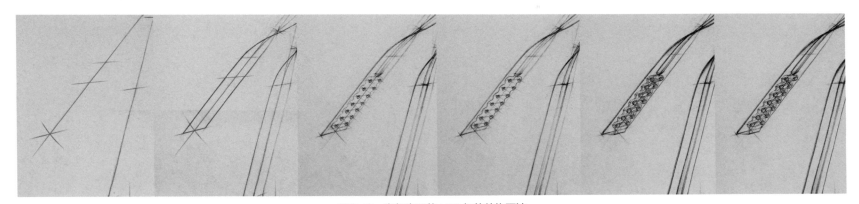

图 3-43　突起孢子状 LED 灯的结构画法

① 按预先设定好的透视角度画出灯头轴线。

② 依灯头轴线画出灯头的基本轮廓。

③ 依照灯头的中轴线定位画出突起的孢子状 LED 灯的中轴线。

④ 参照 LED 灯的中轴线画出其外轮廓。

⑤ 依照 LED 灯的中轴线和外轮廓，画出其各部分细节形体的结构转折线。

⑥ 进一步细化 LED 灯的外轮廓、结构转折线的关系，并协调与画面其他形体的整体视觉关系。

3.1.4　以三维曲面为主体形态构成的产品——Peugeot Hoggar

Peugeot Hoggar 不同角度的透视图如图 3-44 ～图 3-47 所示。

图 3-44　Peugeot Hoggar 前透视图

图 3-45　Peugeot Hoggar 侧视图

图 3-46　Peugeot Hoggar 顶视图

图 3-47　Peugeot Hoggar 后透视图

图片来源（图 3-44 ～图 3-47）：http://www.netcarshow.com/peugeot（范图：李丹）

在绘画前，先多角度全面观察，了解车体各部分形体的结构关系。Peugeot Hoggar 形态的突出特征是：发动机盖及横向翅膀式车门构成了简洁夸张的车身结构，车仪表板贯穿发动机盖和内室，具有夸张的与车身一体的前大灯，两根不锈钢防滚杆，结实的轮胎。明确形体特征后，选择一个能够较充分表达车体特征的角度来构建画面。通过不断观察、分析形体、确认各部分形体的比例关系，确定主体形态大的结构转折关系，而后逐级确认细节形体的结构和转折。

1. 绘画重点及难点

重点：三维曲面的结构画法、车轮的结构画法。

难点：三维曲面的结构画法、车轮的结构画法。

2. 结构画法绘画步骤

步骤一：

　　确定能够较充分地表达该车形体特征的透视方向和角度，并定位车轮的轴线，如图3-48所示。

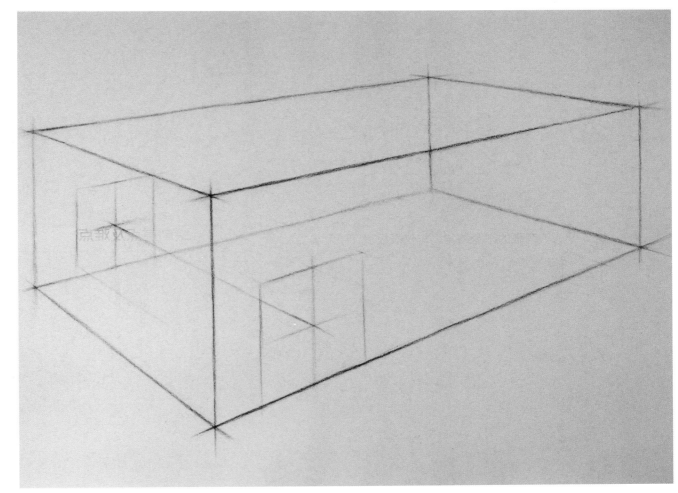

图 3-48　确定透视方向、角度和轴线

步骤二：

　　进一步定位四车轮的位置、车身的结构转折、两根不锈钢防滚杆的轴线，车身主要形体的位置和结构关系，如图3-49所示。

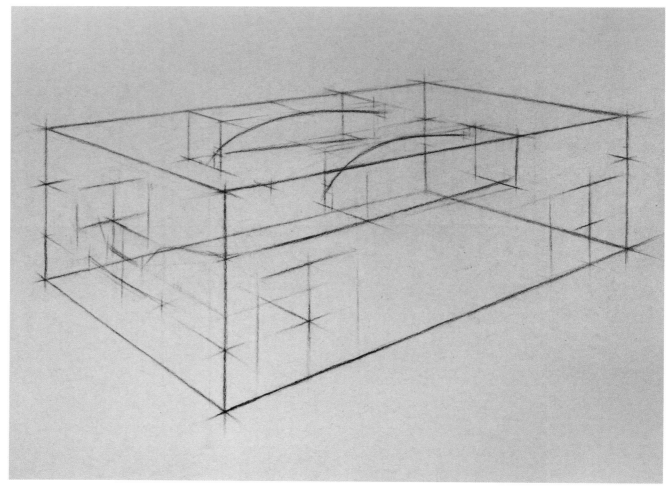

图 3-49　定位主要形体的中轴线及轮廓线

步骤三：

大致明确主要形体的转折和轮廓，如图3-50所示。

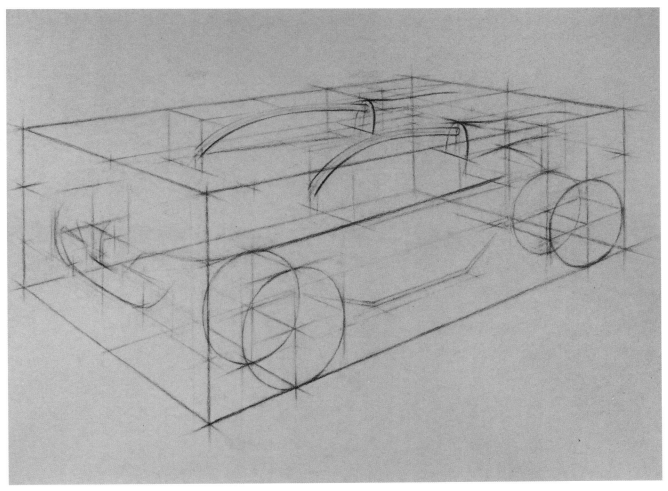

图 3-50　主要形体的转折和轮廓

步骤四：

　　明确各部分主要形体
的转折关系和形态特征，
如图 3-51 所示。

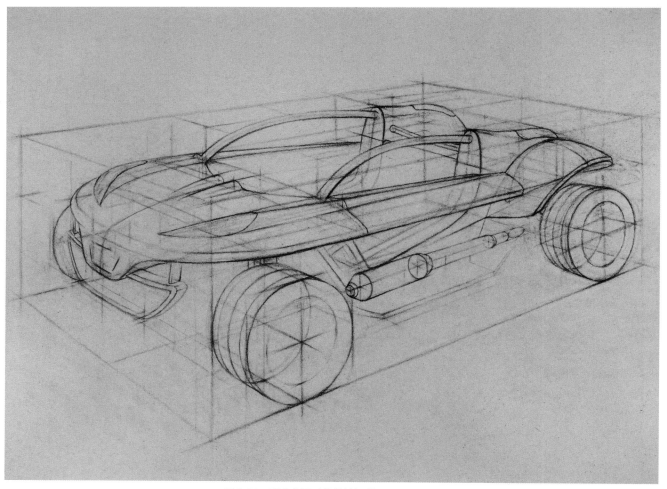

图 3-51　明确主要形体的转折关系和形态特征

步骤五：

　　细化主要形体的转折
特征和形态特征，进一步
画出次要和附属形体的转
折和轮廓，如图 3-52 所示。

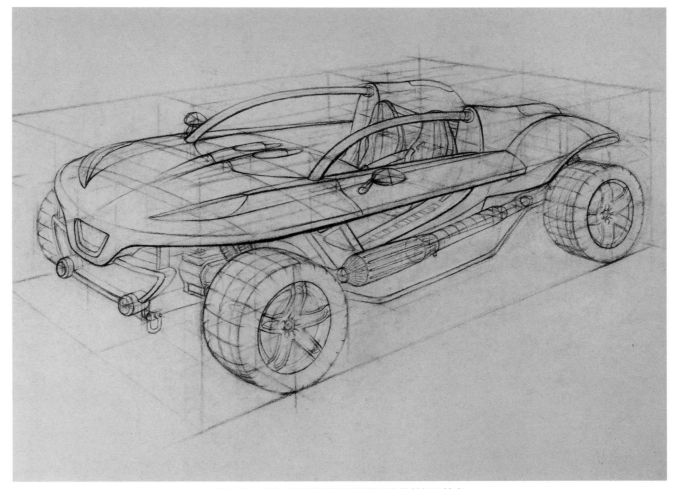

图 3-52　细化主要形体并画出其他形体的转折和轮廓

步骤六：

    细化各部分形体特征，注意产品整体和局部的形体对比关系，直至画面完整，如图 3-53 所示。

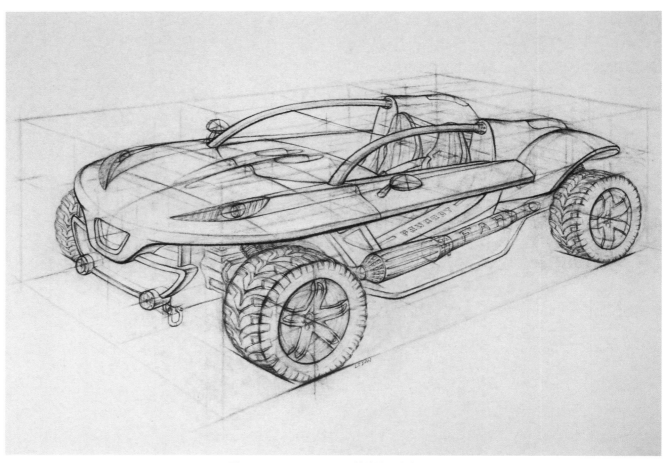

图 3-53　Peugeot Hoggar 的结构画法完成图

3．产品关键形体的结构画法详解

车体关键形体示意图如图 3-54 所示（彩图见插页图 25 或扫描二维码获取）。

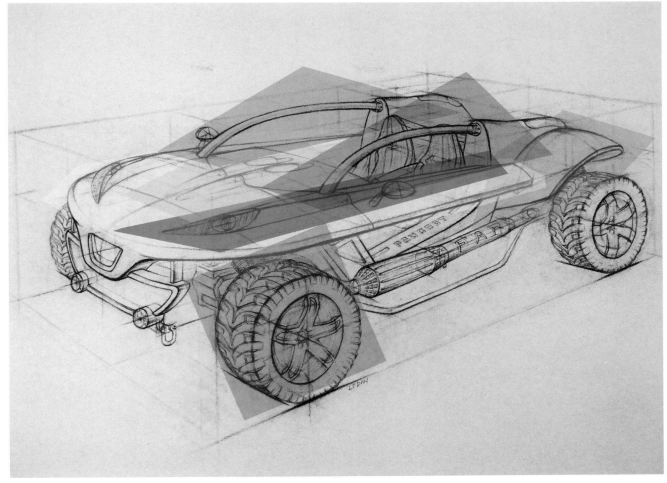

图 3-54 车体关键形体示意图

（1）车轮的结构画法如图 3-55 所示（彩图见插页图 26 或扫描二维码获取）。

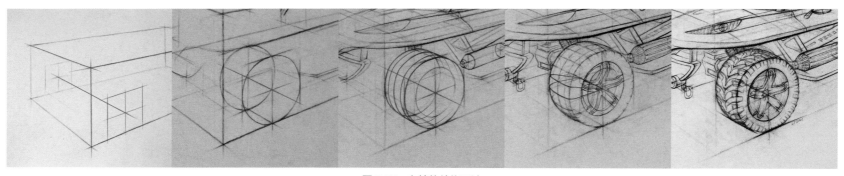

图 3-55　车轮的结构画法

① 定位车轮轴线的位置和透视方向。

② 通过车轮轴线定位画出车轮的基本外轮廓。

③ 寻找轮毂及车胎纹理变化规律，并用线条简单定位。

④ 依照车轮中轴线定位轮毂的主要转折线，依照转折线画出轮毂形体转折线和外轮廓线，轮毂基本完成。参照车轮中轴线定位画出轮胎纹理的横向变化规律。

⑤ 细化车胎纹理结构，并协调轮胎、轮毂和画面其他形体的整体视觉关系。

（2）发动机盖及横向翅膀式车门的结构画法如图 3-56 所示（彩图见插页图 27 或扫描二维码获取）。

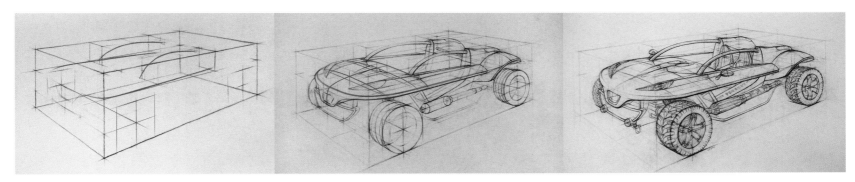

图 3-56　发动机盖及横向翅膀式车门的结构画法

① 通过已经定位的车轮轴线及不锈钢防滚杆的位置画出发动机盖及横向翅膀式车门的结构转折线的大致位置。

② 画出发动机盖的中轴线和决定其形体结构特征的关键几个截面，进而画出其形体转折线和外轮廓线。

③ 细化与其他形体之间的结构关系，并协调与画面其他形体的整体视觉关系。

（3）车前大灯及车门延长结构的结构画法如图 3-57 所示（彩图见插页图 28 或扫描二维码获取）。

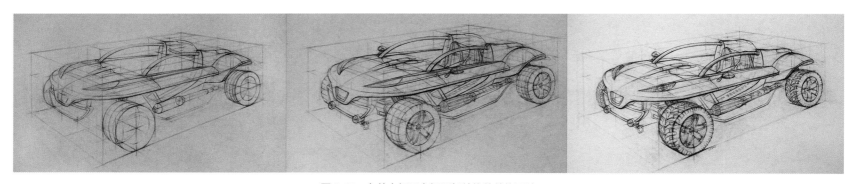

图 3-57　车前大灯及车门延长结构的结构画法

① 在发动机盖的表面定位前大灯的中轴线及决定灯体形态特征的关键转折截面。

② 依据大灯中轴线及截面即可画出灯体的转折线和轮廓线。

③ 定位灯的轴线，进一步刻画灯体的细节结构、转折、外轮廓，并协调与画面其他形体的整体视觉关系。

（4）车仪表板的结构画法如图 3-58 所示（彩图见插页图 29 或扫描二维码获取）。

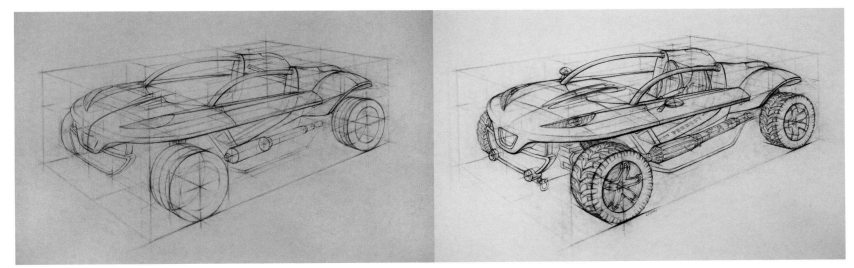

图 3-58　车仪表板的结构画法

① 依照发动机盖中轴线在发动机盖的表面定位画出两个仪表板的中轴线及决定仪表板形态特征的关键转折截面。

② 依据仪表板中轴线及截面即可画出仪表板的转折线、轮廓线及贯穿风挡的结构，进一步细化形体结构及转折，并协调与画面其他形体的整体视觉关系。

（5）两个上部纵向不锈钢防滚杆的结构画法如图 3-59 所示（彩图见插页图 30 或扫描二维码获取）。

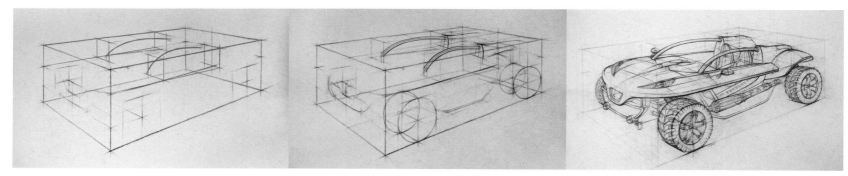

图 3-59　上部纵向不锈钢防滚杆的结构画法

① 通过车体整体的比例和透视，定位两个防滚杆轴线的位置和透视。

② 依两个防滚杆的轴线画出其轮廓线，并明确与后尾翼及发动机盖的连接结构关系。

③ 进一步细化各部分形体的结构转折关系，协调形体的结构转折线、外轮廓线的关系，及与画面其他形体的整体视觉关系。

（6）后轮眉的结构画法如图 3-60 所示（彩图见插页图 31 或扫描二维码获取）。

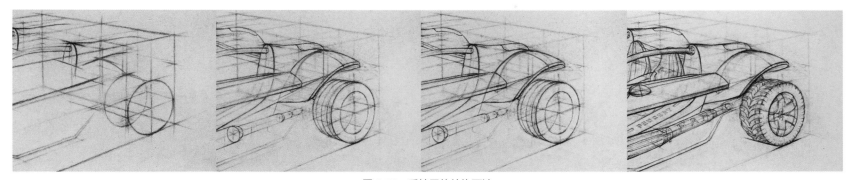

图 3-60　后轮眉的结构画法

① 依据后车轮、尾翼、翅膀式车门的基本转折线定位后轮眉的基本位置。

② 依据车体的透视和比例，确定后轮眉三维曲面关键位置的透视和形态特征。

③ 依照车尾翼的形态结构特征定位并画出与后轮眉相连接的结构线，通过形体之间的相互对比画出决定后轮眉关键的两条形体转折线。

④ 依照后轮眉的形体转折关系定位并画出其外轮廓。通过区分后轮眉的形态结构转折线、外轮廓线塑造形体的三维空间，并协调其与画面其他形体的整体视觉关系。

3.2 结构画法作业绘画思路解析

3.2.1 头戴式充电灯头基本单元的绘画思路及步骤

头戴式充电灯头（见图 3-61 和图 3-62）是十二个凹面半球相交组成的形体，难度大的地方在于如何准确地画出凹面半球的交线。下面通过三个凹面半球相交的画法示例，帮助读者理解及掌握这种类型形体的结构画法。

图 3-61 头戴式充电灯头 1

图 3-62 头戴式充电灯头 2

步骤一：

先画出每个凹面半球灯筒单元圆形中心点的连接线，以此定位灯筒的位置。再画出灯筒内每个凹面半球的中轴线，如图 3-63 所示（彩图见插页图 32 或扫描二维码获取）。

图 3-63 定位各灯筒轴线

步骤二：

依据步骤一按比例画出每个灯筒单元的圆形外轮廓线，如图 3-64 所示（彩图见插页图 33 或扫描二维码获取）。

图 3-64　确定灯筒外轮廓线

步骤三：

画出每个凹面半球灯筒单元通过灯筒圆形中心点的连接线与圆形外轮廓线交线的两个截面，得到相邻的在同一凹面半球灯筒单元通过灯筒圆形中心点的连接线上的两个截面的交点，如图 3-65 和图 3-66 所示（彩图见插页图 34 和图 35 或扫描二维码获取）。

图 3-65　画出各灯筒边缘相交位置及通过相交中轴线上的两个截面

工业设计素描教程（第 2 版）

图 3-66　相邻灯筒相交中轴线上的截面的交点

步骤四：

　　将步骤三中得到的三个交点分别与相邻灯筒单元的圆形外轮廓线的交点光滑连接，得到各凹面半球灯筒单元的相交线，如图 3-67 和图 3-68 所示（彩图见插页图 36 和图 37 或扫描二维码获取）。

图 3-67　相邻灯筒的相交中轴线上的截面交点和各灯筒圆形边缘的交点

步骤五：

　　强化、区分各部分形体的形态特征，注意区分形体轴线、辅助线、形体结构线、轮廓线，注意局部和整体的形体对比关系，如图 3-69 所示。

图 3-68　确定各灯筒的交线

图 3-69　头戴式充电灯头的结构画法完成图

3.2.2　水上垃圾探测装置的绘画思路及步骤

　　水上垃圾监测装置（见图 3-70 和图 3-71）的形体结构较复杂，但规律性很强，需要通过主体形体的轴线确认其他次要形体的轴线角度和位置关系，再按各部分比例关系逐个细化各部分形体的结构。

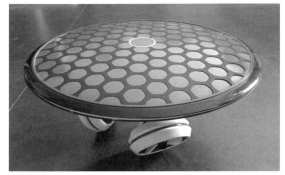

图 3-70　水上垃圾探测装置顶面

图 3-71　水上垃圾探测装置底面

步骤一：

　　首先画出产品的中轴线，依据中轴线的位置画出底盘三个不同方向的截面线，将截面线的最外缘光滑连接，画出底盘的外轮廓，如图 3-72 所示（彩图见插页图 38 或扫描二维码获取）。

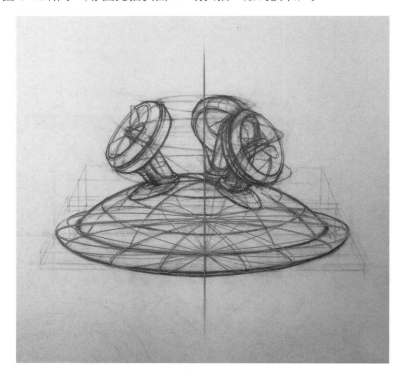

图 3-72　水上垃圾探测装置底盘不同方向的截面线

步骤二：

以产品中央轴线为参考，按比例关系画出产品主体形态半球形体的截面线，将半球截面线与底盘相应位置的截面线相交的点连接起来，得到半球结构与底盘形体相接的交线，如图 3-73 所示（彩图见插页图 39 或扫描二维码获取）。

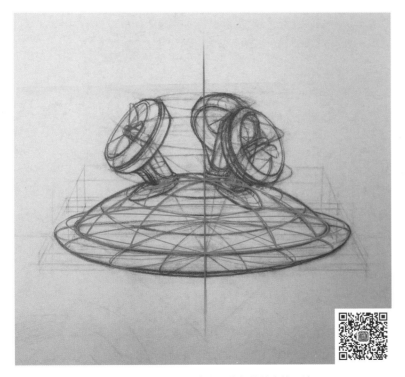

图 3-73 半球结构与底盘形体相接的交线画法

步骤三：

参考产品整体的中轴线，画出三个螺旋桨支架中轴线在半球体表面上的位置。依三个螺旋桨支架中轴线画出螺旋桨中轴线的位置，如图 3-74 所示（彩图见插页图 40 或扫描二维码获取）。

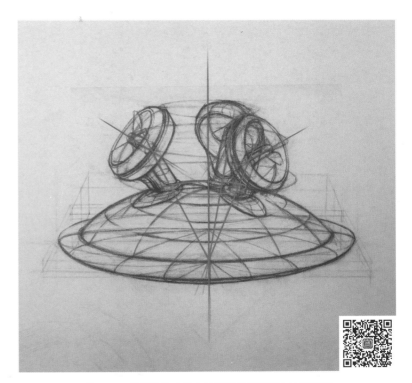

图 3-74 依螺旋桨支架中轴线确定螺旋桨中轴线位置

步骤四：

深入细化每个螺旋桨的形体结构，并通过三个螺旋桨底部连接线形成的圆形、轴线形成的圆形及顶部边缘形成的圆形三者相互校对三个螺旋桨的位置和形体关系，如图3-75所示（彩图见插页图41或扫描二维码获取）。

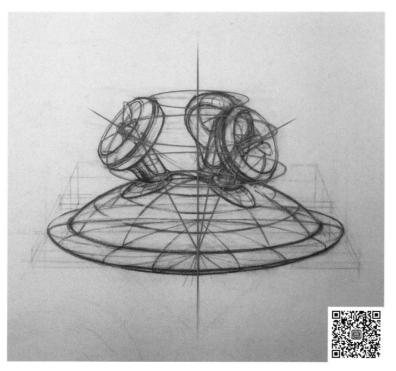

图 3-75　细化每个螺旋桨的形体结构并校对三个螺旋桨的位置和形体关系

步骤五：

顶面太阳能板结构的画法：先画出太阳能板的中轴线，以轴线为参考，按太阳能板蜂窝状结构的构成规律画出六边形基本单元的六条轴线，如图3-76所示（彩图见插页图42或扫描二维码获取）。

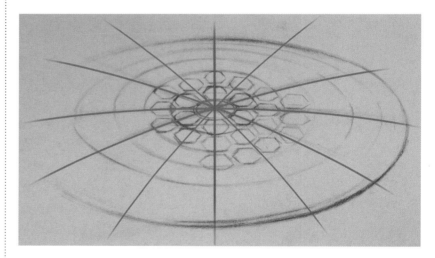

图 3-76　太阳能板蜂窝状结构形态的中轴线

步骤六：

顶面太阳能板结构的画法：界定太阳能板每圈六边形单元的位置。深入细化每个六边形形体的位置、结构和形体细节，如图 3-77 所示（彩图见插页图 43 或扫描二维码获取）。

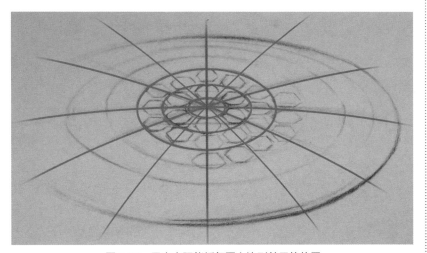

图 3-77　界定太阳能板每圈六边形单元的位置

步骤七：

强化、区分各部分形体的形态特征，注意区分形体轴线、辅助线、形体结构线、轮廓线，调整局部和整体的形体对比关系直至完成，如图 3-78 和图 3-79 所示。

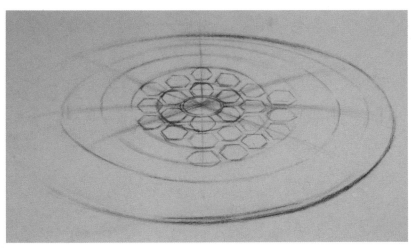

图 3-78　水上垃圾探测装置的太阳能板结构画法完成图

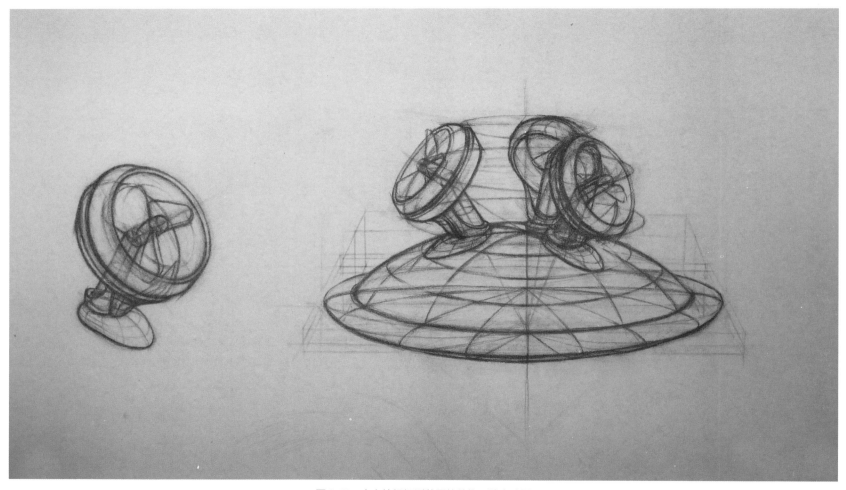

图 3-79　水上垃圾探测装置的结构画法完成图

3.2.3 键盘的绘画思路及步骤

　　键盘（见图 3-80 和图 3-81）的形体特征是由若干个规则排列的小正方体组成，这种形体中大量的平行线是初学者较难掌握的。可以将键盘按键按区域划分为组，先建构出每组的三维形体关系，再按键盘横行规律分出每排按键的宽度，再逐行进行按键的细分，进一步细化各键的特征，直至完成。

图 3-80　键盘顶面

图 3-81　键盘透视图

步骤一：

　　先准确画出键盘面，在盘面上将键盘按键按组划分区域，如图 3-82 所示（彩图见插页图 44 或扫描二维码获取）。

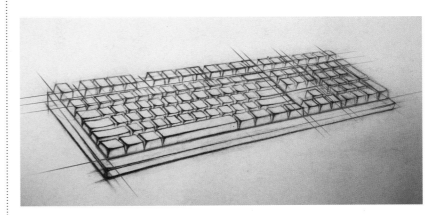

图 3-82　键盘按组划分区域

步骤二：

画出键盘的高度，构建每组键盘的三维形体关系，如图 3-83 所示（彩图见插页图 45 或扫描二维码获取）。

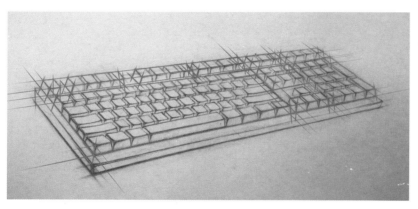

图 3-83　构建每组键盘的三维形体关系

步骤三：

按键盘横行规律分出每排按键的宽度，如图 3-84 所示（彩图见插页图 46 或扫描二维码获取）。

图 3-84　确认每排按键的宽度

步骤四：

　　细化各键的特征，强化、区分各部分形体的形态特征，注意局部和整体的形体对比关系，如图 3-85 所示。

图 3-85　按键的结构画法完成图

3.2.4　轮滑鞋的绘画思路及步骤

　　轮滑鞋的纹理和不规则处会使初学者难以下手，依轴线和截面思路较容易掌握这种类型的形体结构画法。

步骤一：

　　先画出鞋底轴线，依据鞋底轴线确定轮子和鞋筒轴线的位置，如图 3-86 所示（彩图见插页图 47 或扫描二维码获取）。

图 3-86　鞋底轴线、轮子和鞋筒轴线

步骤二：

依据鞋底轴线细化鞋底轮廓并画出轮子和鞋筒的轴线，如图 3-87 所示（彩图见插页图 48 或扫描二维码获取）。

图 3-87 细化鞋底轮廓和鞋筒轴线

步骤三：

通过观察确认各形体的比例关系，以各部分轴线的位置作为参考，画出轮滑鞋体和鞋筒形体主要结构的截面轮廓，如图 3-88 所示（彩图见插页图 49 或扫描二维码获取）。

图 3-88 轮滑鞋体和鞋筒形体主要结构的截面轮廓

步骤四：

将截面最外缘光滑连接，得到轮滑鞋的基础形态。

步骤五：

各部分附加构件和纹理可在已画形体的基础上进行形体的加减，并进一步细化直至完成。

步骤六：

强化、区分各部分形体的形态特征，注意区分形体轴线、辅助线、形体结构线、轮廓线，注意局部和整体的形体对比关系，如图 3-89 所示。

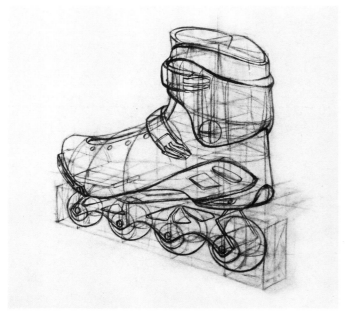

图 3-89　轮滑鞋结构画法完成图

3.3　优秀课堂作业

3.3.1　结构画法实例

1．几何形态绘画实例

几何形态绘画实例如图 3-90 ～图 3-94 所示。

图 3-90　李丛笑作品

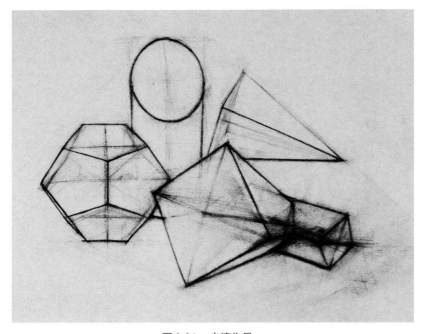

图 3-91　白涛作品

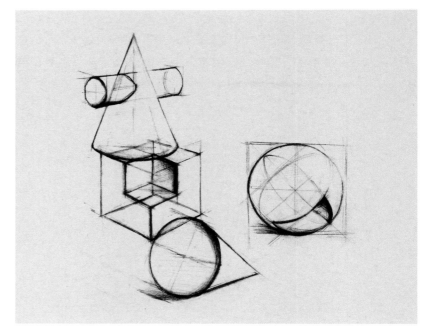

图 3-92　田志菲作品

图 3-93 杨兴宇作品

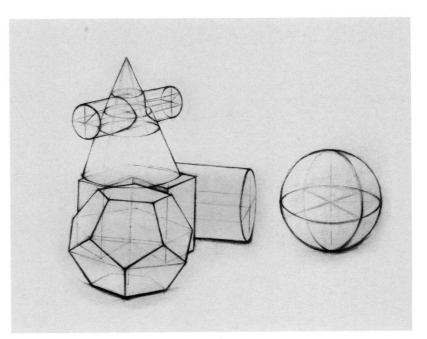

图 3-94 韩佳益作品

2. 机械形态绘画实例

机械形态绘画实例如图 3-95 ～图 3-97 所示。

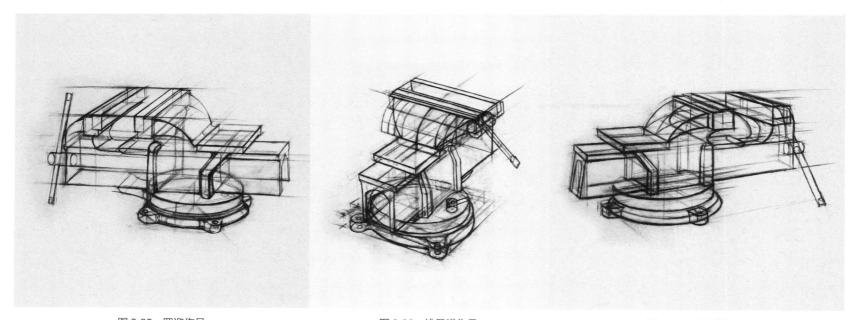

图 3-95　罗迎作品　　　　　　　图 3-96　姚晨曦作品　　　　　　　图 3-97　朱殿龙作品

3. 产品形态绘画实例

产品形态绘画实例如图 3-98 ～图 3-108 所示。

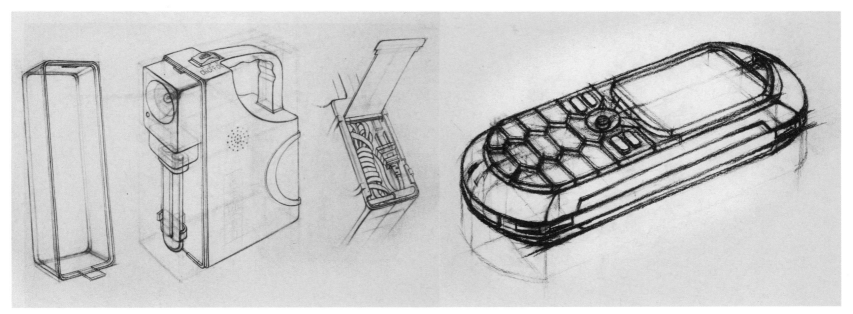

图 3-98　王雅洁作品　　　　　　　　　　　　　　　　图 3-99　丁晓晨作品

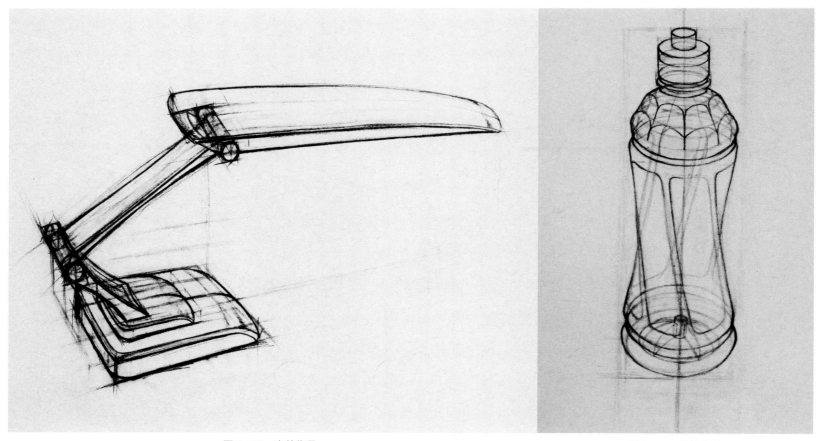

图 3-100　李帅作品　　　　　　　　　　　　　　　　　　　　图 3-101　林铭作品

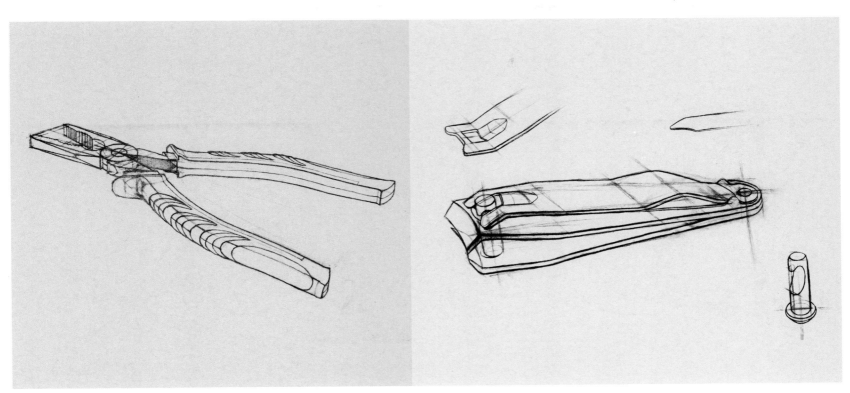

图 3-102　钟嘉宁作品　　　　　　　　　　　　　　　图 3-103　毕成作品

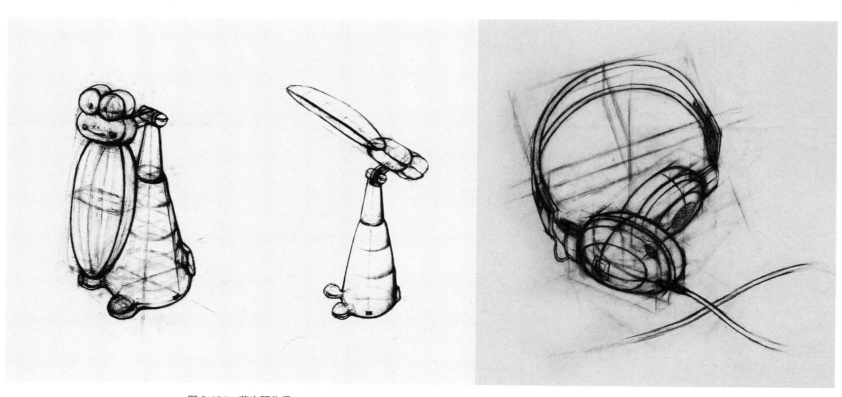

图 3-104　荀宇阳作品　　　　　　　　　　　　　　　　　图 3-105　李帅作品

图 3-106　毕成作品　　　　　　　　　　　　　图 3-107　韩佳益作品　　　　　　　　　　　　图 3-108　侯林作品

105

第3章　绘画、步骤解析及实例参考

4．自然形态绘画实例

自然形态绘画实例如图 3-109 ～图 3-115 所示。

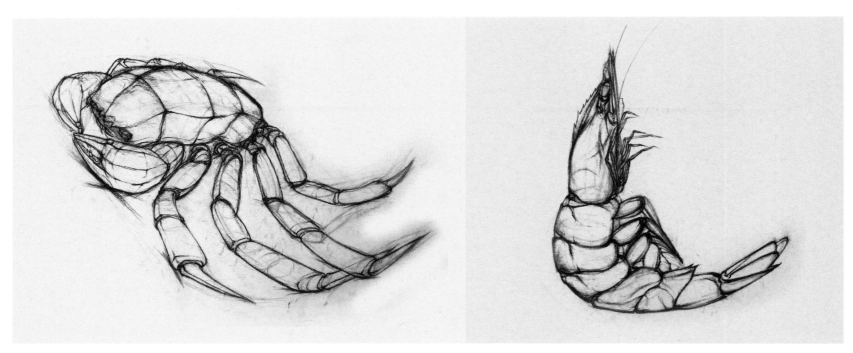

图 3-109　柴智作品　　　　　　　　　　　　　　　　　　　　　　图 3-110　史东阳作品

图 3-111　曲桑妮作品

图 3-112　李小贝作品

图 3-113　荀宇阳作品　　　　　　　　　　　　图 3-114　罗迎作品　　　　　　　　　　　　图 3-115　刘晓旭作品

3.3.2 产品质感绘画表现实例

产品质感绘画实例如图 3-116～图 3-125 所示。

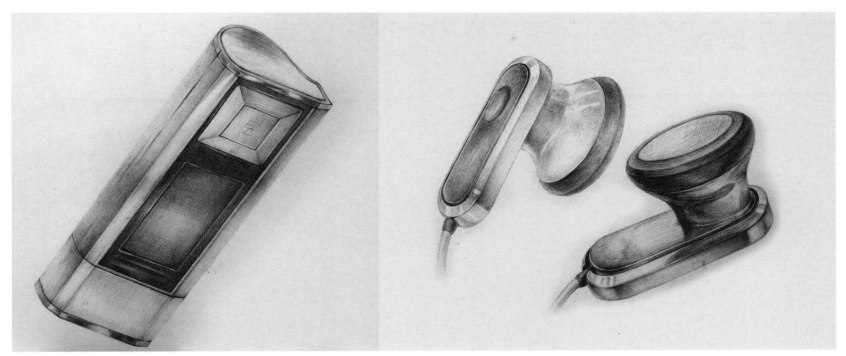

图 3-116　柴智作品　　　　　　　　　　　　　　　　图 3-117　王雅洁作品

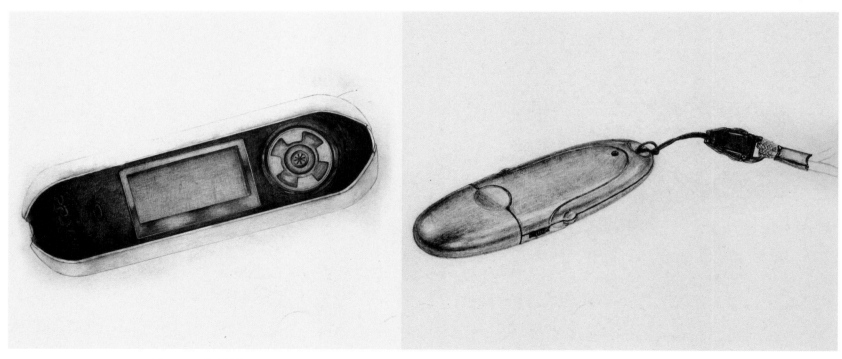

图 3-118　马晓波作品　　　　　　　　　　　图 3-119　王欣欣作品

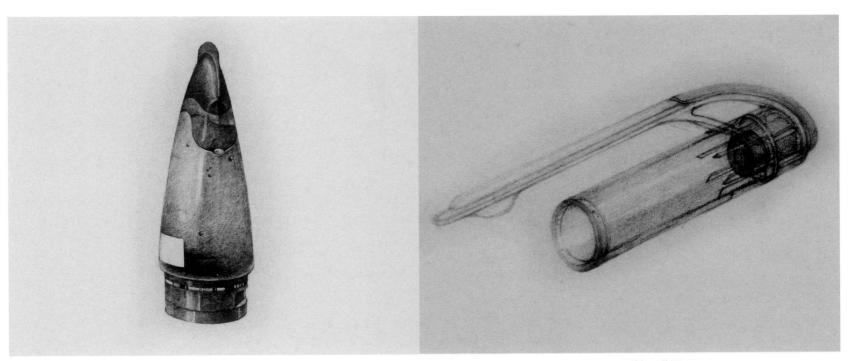

图 3-120 罗迎作品　　　　　　　　　　　　　　图 3-121 蒋智明作品

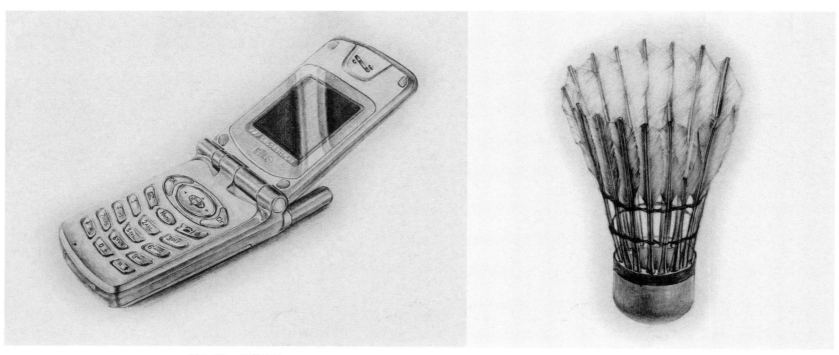

图 3-122　孟萌作品　　　　　　　　　　　　　　　　　　　　　图 3-123　史东洋作品

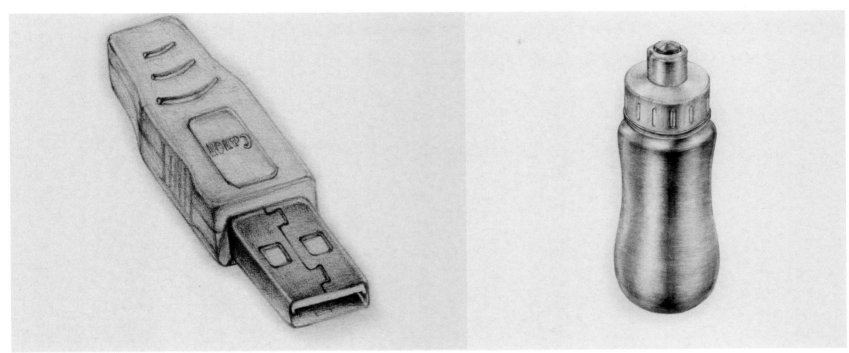

图 3-124　吴敏作品　　　　　　　　　　　　图 3-125　王潇北作品

3.4 向设计表达过渡的练习

3.4.1 产品结构练习

1. 产品实物照片结构表现练习

图 3-126 ～图 3-130 所示为产品实物照片结构表现范例。

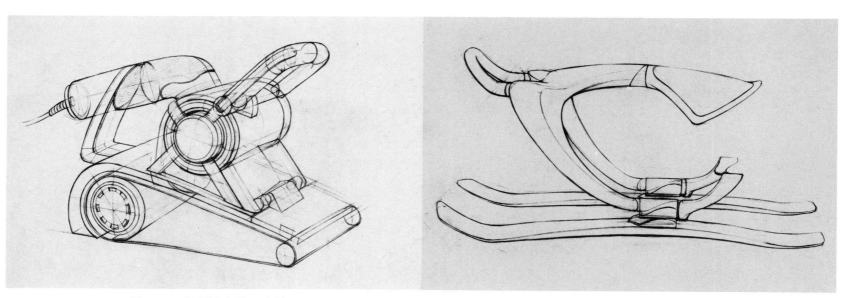

图 3-126　产品结构作品 1　刘笑男　　　　　　　　　　　　图 3-127　产品结构作品 2　刘笑男

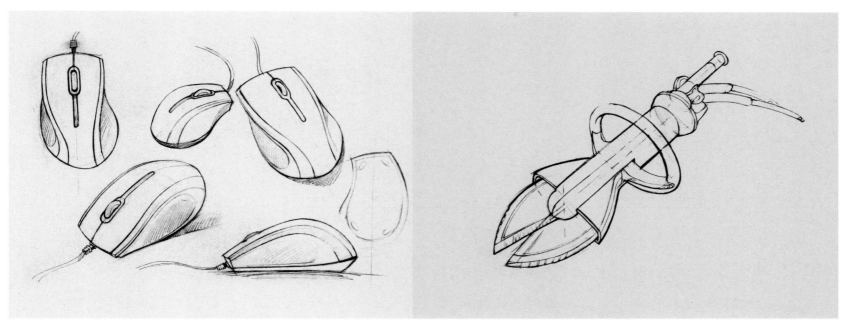

图 3-128　产品结构作品 3　刘笑男

图 3-129　产品结构作品 4　熊纪平

2. 拆解产品实物进行结构爆炸表达

图 3-131 ～图 3-135 所示为拆解产品实物进行结构爆炸表达的范例。

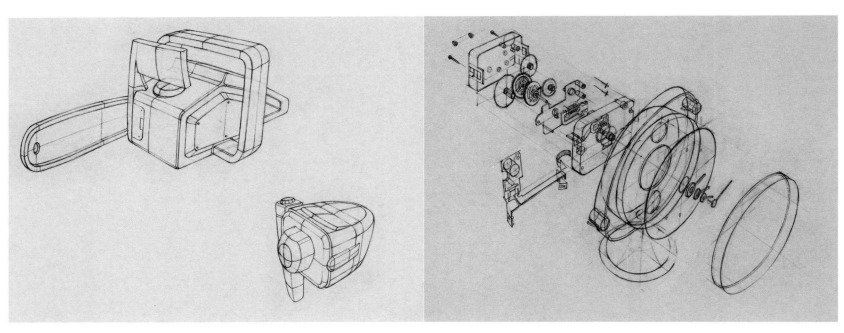

图 3-130　产品结构作品 5　侯语萌

图 3-131　结构爆炸表达作品 1　刘笑男

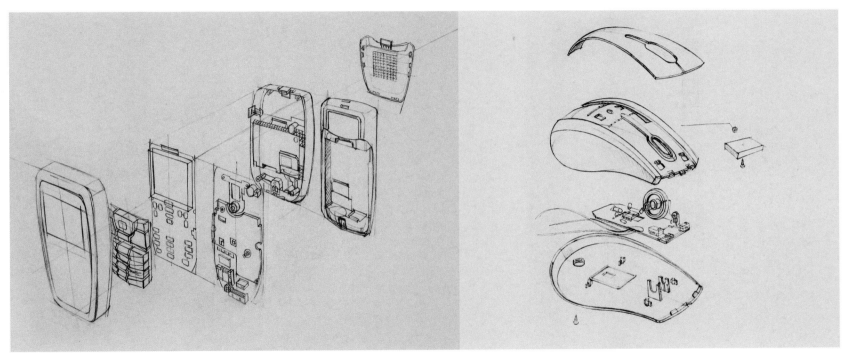

图 3-132　结构爆炸表达作品 2　刘笑男　　　　　　　　　　　图 3-133　结构爆炸表达作品 3　刘笑男

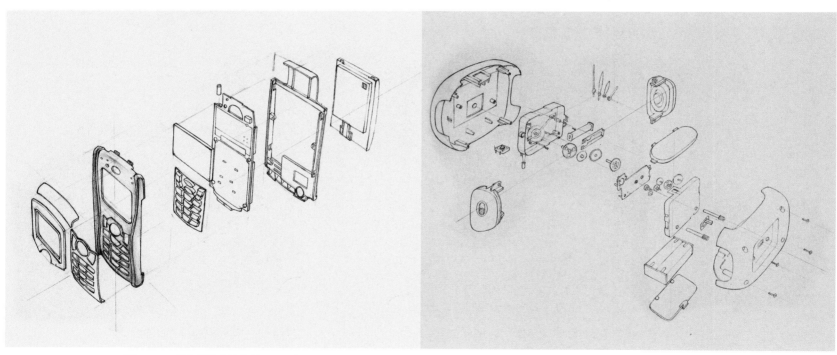

图 3-134　结构爆炸表达作品 4　于凌

图 3-135　结构爆炸表达作品 5　张文卓

3.4.2 产品手绘板绘画步骤

手绘板设计表达是产品设计表达方式的重要部分。读者在掌握了产品结构画法的技巧后，应与手绘板设计表达衔接。（范图：蒲大圣）

图 3-136 ～图 3-140 所示为手电钻手绘板绘画步骤。

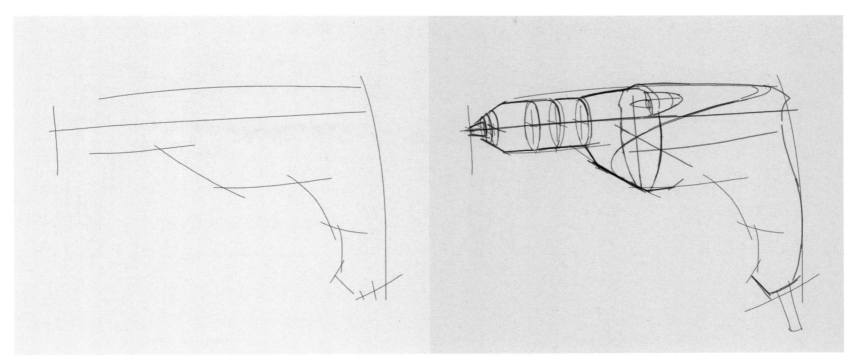

图 3-136　手电钻绘画步骤一　　　　　　　　　　　　　　　　图 3-137　手电钻绘画步骤二

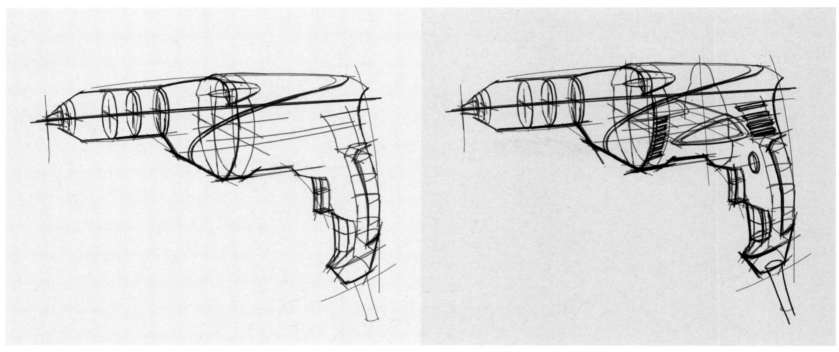

图 3-138　手电钻绘画步骤三　　　　　　　　　　　　　　　　　　　图 3-139　手电钻绘画步骤四

图 3-141～图 3-146 所示为汽车手绘板绘画步骤。

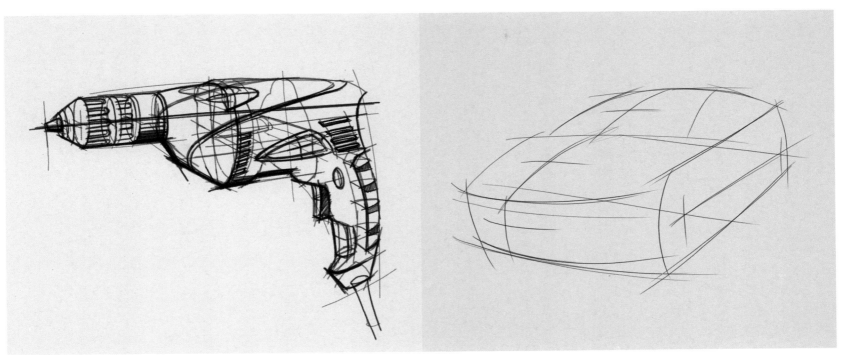

图 3-140　手电钻绘画步骤五　　　　　　　　　　　　图 3-141　汽车绘画步骤一

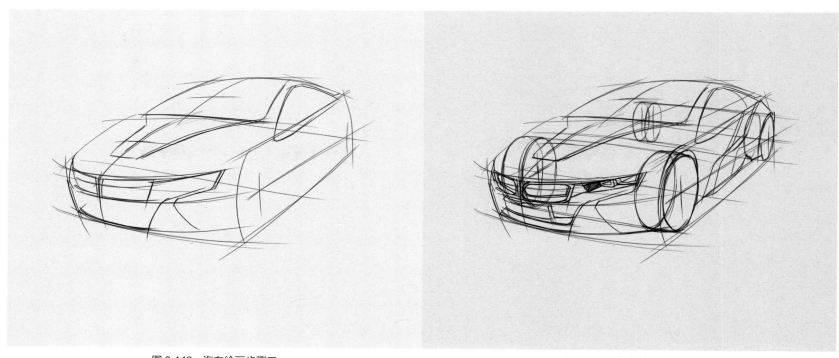

图 3-142　汽车绘画步骤二　　　　　　　　　　　　　　　　图 3-143　汽车绘画步骤三

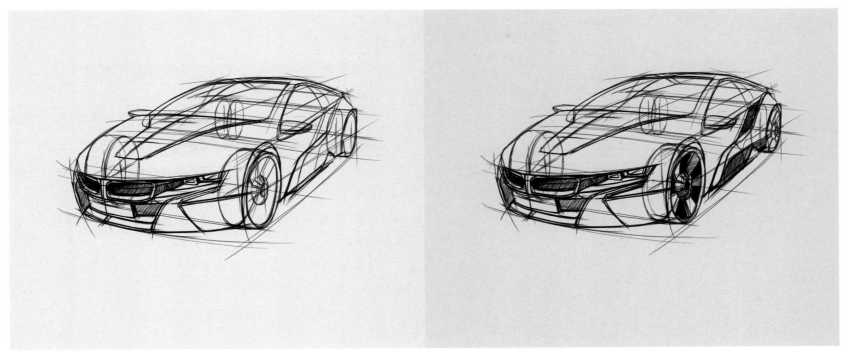

图 3-144　汽车绘画步骤四　　　　　　　　　　　　　　　　　　　　图 3-145　汽车绘画步骤五

图 3-146 汽车绘画步骤六

本章习题

1. 对基础几何形体及几何形体组合结构进行绘画练习。

2. 对机械形态结构进行绘画练习。

3. 依本章提供的范例，寻找以直棱体为主体构成形态的产品进行结构绘画练习。

4. 依本章提供的范例，寻找有圆柱体或球体形态的产品进行结构绘画练习。

5. 依本章提供的范例，寻找有二维曲面形态的产品进行结构绘画练习。

6. 依本章提供的范例，寻找有三维曲面形态的产品进行结构绘画练习。

7. 寻找不同类型的产品质地进行绘画表达。

参 考 文 献

[1] 中国工业美术学会《现代设计丛书》编委会．设计素描：瑞士巴塞尔设计学校基础教学大纲 [M]．吴华先，译．上海：上海人民美术出版社，1985.

[2] 刘剑虹．素描——具象研究 [M]．哈尔滨：黑龙江美术出版社，1992.

[3] 宋杨，蒲大圣．设计素描快速进阶 [M]．北京：北京理工大学出版社，2010.

后　记

　　工业设计素描作为具象形态研究的造型基础课程，应从工业设计基础课程的总体目标来认识形态、定义研究对象和把握素描课程的训练内容。

　　1．工业设计素描教学除对学生进行传统素描强调的眼、手、脑的协调能力培养外，还应强调设计思考方法和能力的培养，如强调观察事物的方法、视觉思考的能力、对产品、自然对象的观察和分析。

　　2．建立形象思维，即在具体绘画过程中，通过对大量事物进行分析、综合、抽象、概括，掌握形态的正确观察、深入理解的方法，进而培养创造新形态语言的能力。

　　3．工业设计素描要通过视觉训练强化发展视觉化的绘画技巧，增强视觉感知的敏锐性，以此作为更深层次的设计视觉化思维和形态创造的基础。